BEI GRIN MACHT SICH IHR WISSEN BEZAHLT

- Wir veröffentlichen Ihre Hausarbeit, Bachelor- und Masterarbeit

- Ihr eigenes eBook und Buch - weltweit in allen wichtigen Shops

- Verdienen Sie an jedem Verkauf

Jetzt bei www.GRIN.com hochladen und kostenlos publizieren

Bibliografische Information der Deutschen Nationalbibliothek:

Die Deutsche Bibliothek verzeichnet diese Publikation in der Deutschen National-
bibliografie; detaillierte bibliografische Daten sind im Internet über http://dnb.d-
nb.de/ abrufbar.

Impressum:

Copyright © 2010 GRIN Verlag, Open Publishing GmbH
Druck und Bindung: Books on Demand GmbH, Norderstedt Germany
ISBN: 978-3-640-74438-1

Dieses Buch bei GRIN:

http://www.grin.com/de/e-book/161357/saebelzahntiger-am-ur-rhein

Ernst Probst

Säbelzahntiger am Ur-Rhein

Machairodus und Paramachairodus

GRIN Verlag

Ernst Probst

Säbelzahntiger am Ur-Rhein

Machairodus
und *Paramachairodus*

Gewidmet

Dr. Jens Lorenz Franzen,
ehemaliger Leiter der Abteilung Paläoanthropologie
und Quartärpaläontologie
am Forschungsinstitut Senckenberg
in Frankfurt am Main,
Wiederentdecker der
verschollenen Fossilfundstelle bei Eppelsheim
und Begründer
der ersten wissenschaftlichen Grabungen dort
sowie wissenschaftlicher Berater
beim Aufbau
des Dinotherium-Museums in Eppelsheim

Heiner Roos,
Altbürgermeister von Eppelsheim,
dessen Idee und Initiative
das Dinotherum-Museum
in Eppelsheim zu verdanken ist

Ute Klenk-Kaufmann,
Bürgermeisterin von Eppelsheim

INHALT

Widmung / Seite 3

Dank / Seite 7

Vorwort / Seite 9

Kein Name ist ideal:
Säbelzahntiger, Säbelzahnkatze,
Dolchzahnkatze / Seite 11

Machairodus:
Die Säbelzahnkatze am Ur-Rhein / Seite 25

Paramachairodus:
Die Dolchzahnkatze am Ur-Rhein / Seite 53

Der Autor / Seite 71

Literatur / Seite 73

Bildquellen / Seite 77

Bücher von Ernst Probst / Seite 79

DANK

Für wertvolle Hilfe
bei der Entstehung dieses Taschenbuches
danke ich:

Mauricio Antón Otúzar,
Departemento de Paleobiologia
am Museo Nacional de Ciencias Naturales-CSIC,
Madrid

Thomas Engel,
geologischer Präparator,
Naturhistorisches Museum Mainz /
Landessammlung für Naturkunde Rheinland-Pfalz

Förderverein Dinotherium-Museum e.V. Eppelsheim

Dr. Jens Lorenz Franzen,
ehemaliger Leiter der Abteilung Paläoanthropologie
und Quartärpaläontologie
am Forschungsinstitut Senckenberg
in Frankfurt am Main,
ab 1. 9. 2000 im Ruhestand
und seitdem ehrenamtlicher Mitarbeiter,
Titisee-Neustadt

Professor Dr. Helmut Hemmer, Mainz

Ute Klenk-Kaufmann,
Bürgermeisterin, Eppelsheim

Dr. Thomas Keller,
Landesamt für Denkmalpflege Hessen,
Abteilung Archäologische
und Paläontologische Denkmalpflege,
Schloss Biebrich, Wiesbaden

Professor Dr. Jorge Morales,
Departemento de Paleobiologia,
Museo Nacional de Ciencias Naturales-CSIC,
Madrid

Heiner Roos,
Altbürgermeister,
1. Vorsitzender des Fördervereins
Dinotherium-Museum e. V. Eppelsheim

Dr. Oliver Sandrock,
Hessisches Landesmuseum Darmstadt

Professor Dr. Alan Turner,
Research Centre in Evolutionary Anthropology
School of Natural Sciences and Psychology
Liverpool John Moores University, Liverpool

Säbelzahntiger am Ur-Rhein

An den Ufern des Ur-Rheins im Miozän vor etwa zehn bis 8,5 Millionen Jahren war die ungefähr löwengroße Säbelzahnkatze *Machairodus* der „König der Tiere". Diesen Titel konnten dem imposanten *Machairodus* allenfalls die kräftigsten Bärenhunde jener Zeit – wie *Amphicyon* und *Agnotherium* – streitig machen. *Machairodus* erreichte ohne Schwanz eine Kopfrumpflänge von etwa zwei Metern, eine Schulterhöhe von rund 1,10 Metern und ein Lebendgewicht von schätzungsweise zwischen 100 und 240 Kilogramm. Ein Zeitgenosse von *Machairodus* war die nur etwa halb so große Dolchzahnkatze *Paramachairodus*, die neuerdings *Promegantereon* heißt. Knochen und Zähne von *Machairodus* und *Paramachairodus* hat man in Ablagerungen des Ur-Rheins in Rheinhessen entdeckt. Bekannte Fundorte sind Eppelsheim, Esselborn, der Wissberg bei Gau-Weinheim und Dorn-Dürkheim. Über diese Raubkatzen informiert das Taschenbuch „Säbelzahntiger am Ur-Rhein" des Wiesbadener Wissenschaftsautors Ernst Probst. Aus seiner Feder stammen auch die Taschenbücher „Rekorde der Urzeit. Landschaften, Pflanzen und Tiere", „Der Ur-Rhein. Rheinhessen vor zehn Millionen Jahren", „Säbelzahnkatzen. Von Machairodus bis zu Smilodon" und „Der Rhein-Elefant. Das Schreckenstier von Eppelsheim".

Kein Name ist ideal:
Säbelzahntiger, Säbelzahnkatze,
Dolchzahnkatze

Gleich vorweg: Die Namen Säbelzahntiger, Säbelzahnkatze und Dolchzahnkatze sind allesamt mehr oder minder problematisch. Der vor allem gerne von Laien, aber auch von manchen Wissenschaftlern verwendete Ausdruck Säbelzahntiger weckt vielleicht die falsche Vorstellung, dieses Tier sei eng mit dem heutigen Tiger verwandt und immer so groß wie dieser. Auch der etwas modernere Begriff Säbelzahnkatze ist unzutreffend, weil die Eckzähne (Fangzähne) bei den verschiedenen Formen dieser Raubtiere nicht haargenau wie ein Säbel aussehen. Zudem klingt der Wortteil „katze" bei einem bis zu tigergroßen Tier zumindest für Laien etwas merkwürdig.

Nicht nur auf Gegenliebe stößt die Aufsplitterung in Säbelzahnkatzen (englisch: saber-toothed cats, scimitar-toothed cats oder scimitar cats) und Dolchzahnkatzen (englisch: dirk-toothed cats). Säbelzahnkatzen heißen – dieser Einteilung zufolge – nur schlanke Gattungen wie *Machairodus* und *Homotherium* mit verhältnismäßig langen Beinen sowie kürzeren, breiteren, stark gebogenen, krummsäbelartigen Eckzähnen. Dolchzahnkatzen wie die Gattungen *Megantereon* und *Smilodon* dagegen waren eher robust gebaut, besaßen kurze und kräftige Beine, einen gestreckten Körper und trugen längere und schmalere Eckzähne. Verwirrend ist aber, dass die 1999 beschriebene neue Gattung *Xenosmilus* sowohl Merkmale von Säbelzahnkatzen als auch von Dolchzahnkatzen in sich vereint. Überdies können viele Laien mit dem Begriff Dolchzahnkatzen wenig anfangen, weil ihnen seit lan-

*Amerikanischer Zoologe
Theodore Gill (1837–1914)*

*Dinofelis auf einer
Zeichnung des
japanischen Künstlers
Shuhei Tamura
aus Kanagawa*

ger Zeit nur die Namen Säbelzahntiger oder Säbelzahnkatze vertraut sind.

In der wissenschaftlichen Systematik gehören die Säbelzahnkatzen und Dolchzahnkatzen zu den Höheren Säugetieren (Eutheria), Raubtieren (Carnivora), Katzenartigen (Feloidea), Katzen (Felidae) und Säbelzahnkatzen (Machairodontinae). Der amerikanische Zoologe Theodore Gill (1837–1914) hat die Unterfamilie der Machairodontinae 1872 erstmals beschrieben.

Echte Säbelzahnkatzen existierten vom Mittelmiozän vor etwa 15 Millionen Jahren bis zum Ende des Eiszeitalters (Pleistozän) vor etwa 11.700 Jahren. Wenn in der Literatur noch ältere Säbelzahnkatzen erwähnt werden, handelt es sich dabei um Formen, die man heute als falsche Säbelzahnkatzen oder Scheinsäbelzahnkatzen bezeichnet.

Zähne und Knochen von Säbelzahnkatzen und Dolchzahnkatzen hat man in Nordamerika, Südamerika, Asien, Europa und Afrika entdeckt. Auch in Deutschland wurden Reste von Säbelzahnkatzen und Dolchzahnkatzen geborgen. Nur aus Australien liegen keine Funde vor.

Die Säbelzahnkatzen und Dolchzahnkatzen werden in der Literatur oft in drei Stämme (Tribus) aufgeteilt: Metailurini, Homotheriini und Smilodontini.

Zu den Metailurini gehören folgende Gattungen:
Metailurus: Miozän in Europa und Asien
Adelphailurus: Miozän in Nordamerika
Dinofelis: Pliozän und Pleistozän in Afrika, Europa (Frankreich), Asien und Nordamerika
Ein Teil der Wissenschaftler rechnet die Metailurini heute nicht mehr zu den Säbelzahnkatzen (Machairodontinae), sondern zu den Kleinkatzen (Felinae).

Zu den Homotheriini (saber-toothed cats, scimitar-cats) gehören folgende Gattungen:

*Rekonstruktion der Säbelzahnkatze Machairodus
aus dem Miozän von 1902*

*Rekonstruktion der Dolchzahnkatze Smilodon
von Charles Robert Knight (1874–1953) von 1905*

Machairodus: Miozän und Pliozän in Europa, Asien, Afrika und Nordamerika

Xenosmilus: unterstes Pleistozän in Nordamerika

Homotherium: frühes Pliozän bis spätestes Pleistozän in Europa, Asien, Afrika, Nordamerika und neuerdings auch Südamerika

Zu den Smilodontini (dirk-toothed cats) zählen folgende Gattungen:

Paramachairodus: mittleres bis oberes Miozän in Europa und Asien

Megantereon: Pliozän bis Mittelpleistozän in Europa, Asien, Afrika, Nordamerika

Smilodon: oberes Pliozän bis oberstes Pleistozän in Nord- und Südamerika

In Kino- oder Fernsehfilmen werden Säbelzahnkatzen bzw. Dolchzahnkatzen oft als sehr große und furchterregende Raubtiere dargestellt. Tatsächlich besaßen nur wenige Arten ungefähr die Größe eines heutigen Löwen (*Panthera leo*) mit einer Höhe von einem Meter und einer Gesamtlänge bis zu 2,80 Metern oder vielleicht sogar eines Sibirischen Tigers *(Panthera tigris altaica)* mit einer Höhe bis zu einem Meter und einer Gesamtlänge bis zu drei Metern.

Imposante Maße hatten die Säbelzahnkatzen *Machairodus giganteus* (ca. 2,50 Meter Gesamtlänge, 1,20 Meter Schulterhöhe) und *Homotherium crenatidens* (mehr als zwei Meter Gesamtlänge, 1,10 Meter Schulterhöhe) sowie die Dolchzahnkatze *Smilodon populator* (etwa 2,40 Meter Gesamtlänge, 1,20 Meter Schulterhöhe), die in älterer Literatur oft als größte Art der Säbelzahntiger bezeichnet wird. Viele andere Arten waren kleiner als ein Leopard (*Panthera pardus*), der mit Schwanz bis zu 2,30 Meter lang ist, oder ein Ozelot (*Leopardus pardalis*), der insgesamt bis zu 1,45 Meter lang wird.

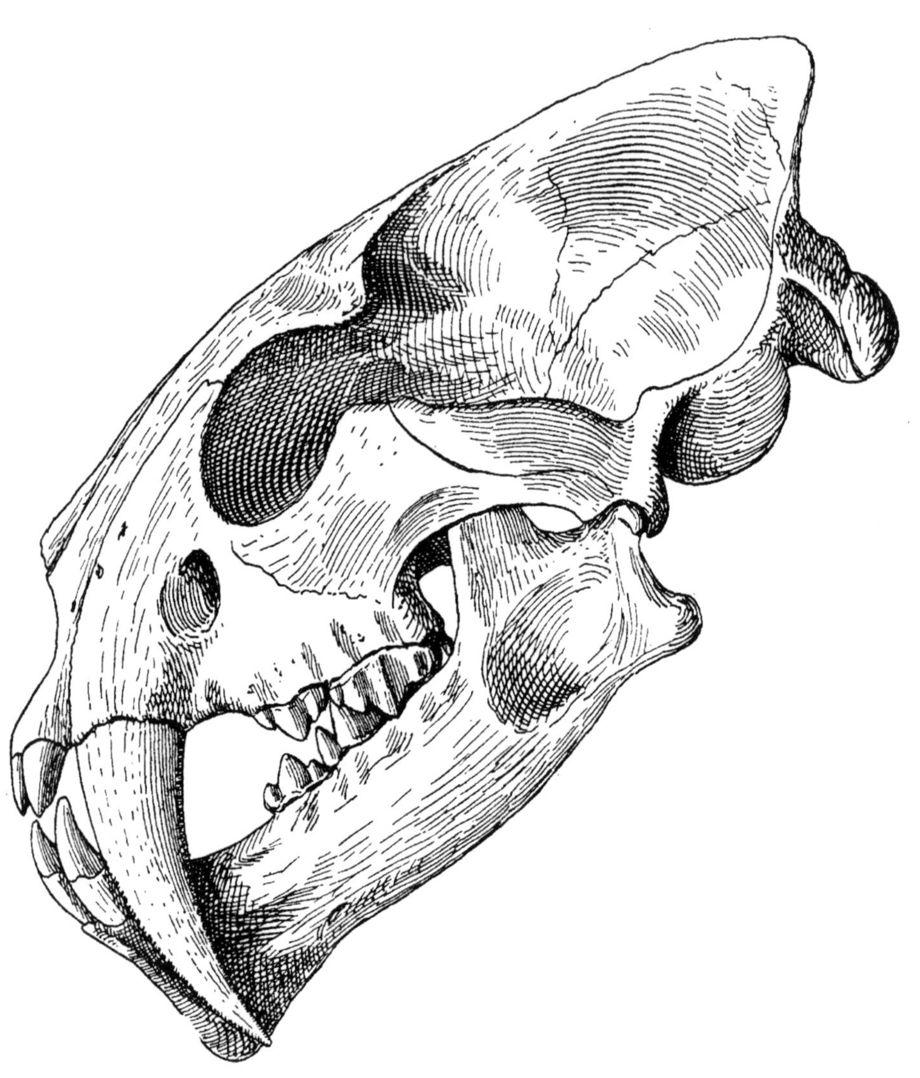

*Schädel der Säbelzahnkatze
Machairodus cultridens
aus dem Obermiozän.
Diese Art gilt heute als Synonym
von Machairodus aphanistus.*

Säbelzahnkatzen und Dolchzahnkatzen konnten ihren Unterkiefer bis um 120 Grad nach unten aufreißen. Das versetzte sie in die Lage, ihre langen Eckzähne voll einzusetzen. Gegenwärtige Katzen können ihre Kiefer nur um 65 bis 70 Grad öffnen.

Ober- und Unterkiefer der Säbelzahnkatzen und Dolchzahnkatzen waren durch ein Scharniergelenk verbunden. Ihr Gebiss hatte je nach Gattung oder Variation innerhalb derselben unterschiedlich viele Zähne. Bei *Machairodus* waren es 30 Zähne, bei *Homotherium* und *Megantereon* jeweils 28 Zähne und bei *Smilodon* 26 bis 28 Zähne. Davon abweichende Zahlenangaben beruhen darauf, dass der sehr kleine (rudimentäre) Backenzahn in beiden Oberkieferästen oft nicht in der Zahnformel erwähnt wird.

Lücken (Diastema) ermöglichten es, dass die Eckzähne beim Schließen des Maules aneinander vorbei gleiten konnten. Die Eckzähne dienten zum Packen, Festhalten und Töten der Beute, die Reißzähne zum Abbeißen von Fleischstücken, die unzerkaut geschluckt wurden. Die Reißzähne besaßen zackige Spitzen, die beim Beißen scherenartig aneinander vorbei glitten.

Über die Lebensweise der Säbelzahnkatzen und Dolchzahnkatzen gab und gibt es immer noch viele Diskussionen. Heute überwiegt die Ansicht, sie seien aktive Räuber gewesen. Gelegentlich heißt es aber auch, sie könnten sich als reine Aasfresser ernährt haben. Der niederländische Experte Kees van Hooijdonk aus Rucphen vermutet, Säbelzahnkatzen und Dolchzahnkatzen könnten versucht haben, anderen Raubkatzen die Beute abzunehmen, wenn sich Gelegenheit dafür bot. In Zeiten der Knappheit hätten sie vielleicht auch Aas gefressen. Wegen des teilweise recht großen Körpers mancher Arten nimmt man an, diese hätten recht stattliche Beutetiere zur Strecke bringen können.

Umstritten ist, ob Säbelzahnkatzen und Dolchzahnkatzen auch riesige erwachsene Rüsseltiere oder zumindest deren Jung-

*Modell der Dolchzahnkatze Megantereon
im Naturhistorischen Museum Wien*

tiere angegriffen haben. Anhaltspunkte hierfür lieferten zahlreiche Mammutskelette, die neben einigen Skeletten der Säbelzahnkatze *Homotherium serum* in der Friesenhahn-Höhle (Bexar County) bei San Antonio in Texas entdeckt wurden.

Nicht völlig geklärt ist die Funktion der charakteristischen Eckzähne der Säbelzahnkatzen und Dolchzahnkatzen, die kontinuierlich nachwuchsen. Einerseits heißt es, damit hätten diese Raubkatzen sehr großen Beutetieren tiefe Stich- und Reißwunden zufügen können, an denen die Beutetiere verblutet seien. Andererseits verweisen skeptische Experten darauf, dass die relativ weichen Eckzähne bei solch einer starken Belastung leicht brechen hätten können.

Ein Teil der Fachleute hält es für möglich, dass Säbelzahnkatzen und Dolchzahnkatzen mit ihren Eckzähnen bereits am Boden liegenden, wehrlosen Beutetieren gleichzeitig Halsschlagader und Luftröhre durchtrennten. Dabei hätten sie mit ihren kräftig ausgebildeten Vordergliedmaßen Beutetiere gegen den Boden gedrückt, um einen präzisen Todesbiss anzubringen.

Nach einer anderen Theorie dienten die eindrucksvollen Eckzähne der Säbelzahnkatzen und Dolchzahnkatzen lediglich dazu, ihren eigenen Artgenossen zu imponieren. Weil die Eckzähne bei verschiedenen Arten sehr unterschiedlich gestaltet sind, ist es auch möglich, dass sie auf unterschiedliche Art und Weise benutzt worden sind.

Laut einer weiteren Theorie könnten sich Säbelzahnkatzen und Dolchzahnkatzen von Blut, Eingeweiden und weichen, leicht abzufressenden Körperteilen ernährt haben, welche die langen Eckzähne nicht gefährdeten. Den Rest der Beute ließen sie vermutlich liegen, was oft Aasfresser anlockte. Vermutlich besaßen Säbelzahnkatzen und Dolchzahnkatzen wie heutige Katzen verhornte Papillen auf der Zunge, um ohne Gefahr für die Zähne von Knochen das Fleisch ablösen zu können.

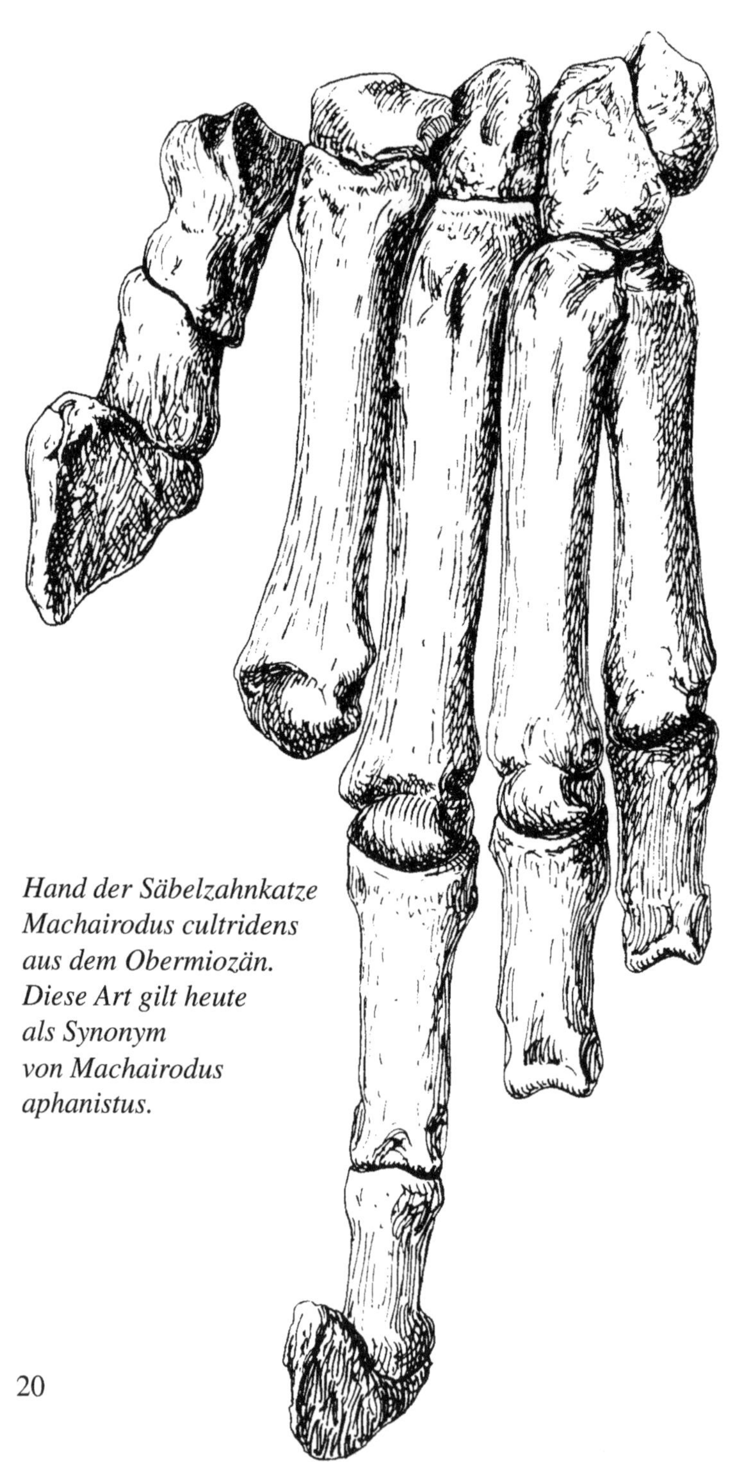

Hand der Säbelzahnkatze
Machairodus cultridens
aus dem Obermiozän.
Diese Art gilt heute
als Synonym
von Machairodus
aphanistus.

Nach den bisherigen Funden zu schließen, stammen die ältesten Fossilien von Säbelzahnkatzen und Dolchzahnkatzen aus dem Mittelmiozän vor etwa 15 Millionen Jahren. Aus dem Obermiozän vor etwa zehn Millionen Jahren kennt man Reste der Säbelzahnkatze *Machairodus aphanistus* und der Dolchzahnkatze *Paramachairodus ogygius* aus Ablagerungen des Ur-Rheins bei Eppelsheim in Rheinhessen, vom ehemaligen Vulkan Höwenegg bei Immendingen/Donau (Kreis Tuttlingen) und aus Melchingen, heute ein Stadtteil von Burladingen (Zollernabkreis). Etwas jünger sind die auf etwa 8,5 Millionen Jahre datierte Säbelzahnkatze *Machairodus* cf. *aphanistus* sowie die Dolchzahnkatzen *Paramachairodus orientalis* und *Paramachairodus ogygius*) aus Dorn-Dürkheim in Rheinhessen. Die Abkürzung „cf." (lateinisch: confer = vergleiche) wird benutzt, wenn eine Bestimmung unsicher ist. Sie steht vor dem unsicheren Bestandteil des Namens, im erwähnten Fall vor der Art *aphanistus*.

Machairodus war vielleicht der Ahne der Gattung *Homotherium*, die sich im frühen Pliozän entwickelte. *Homotherium* existierte etwa vor 5 Millionen bis 11.700 Jahren. Diese Gattung ist auch von mehreren eiszeitlichen Fundorten aus Deutschland bekannt.

Ein Zeitgenosse von *Homotherium* war die Dolchzahnkatze *Megantereon*, die vom frühen Pliozän vor etwa 4,5 Millionen Jahren bis zum mittleren Eiszeitalter vor etwa 500.000 Jahren verbreitet war. *Homotherium* und *Megantereon* kamen in der Gegend von Chilhac und Senèze (beide in Frankreich) sowie in Untermaßfeld bei Meiningen (Deutschland) zusammen vor. *Megantereon* ähnelte sehr seinem Nachfahren *Smilodon*.

Die Dolchzahnkatze *Smilodon* lebte vom Oberpliozän vor mehr als 2,5 Millionen Jahren bis zum späten Pleistozän und starb erst vor etwa 11.700 Jahren zu Beginn des Holozän (Heutzeit) aus. Von *Smilodon* wurden nur in Nord- und Südamerika fossile Reste gefunden. Besonders viele Fossilien

von *Smilodon* sind vom Fundort Rancho La Brea im Stadt-
gebiet von Los Angeles in Kalifornien bekannt.

Als so genannte Scheinsäbelzahnkatzen gelten einige Arten
der Nimravidae und der Barbourofelidae. Verlängerte obere
Eckzähne wie bei den Säbelzahnkatzen und Dolchzahnkatzen
gab es außerhalb der Raubtiere auch bei zwei anderen Ord-
nungen der Säugetiere. Nämlich bei den Creodonten wie
Machaeroides und den zu den Beuteltieren gehörenden Thyla-
cosmiliden wie *Thylacosmilus*.

Machaeroides wurde 1901 von dem aus Kanada stammen-
den Paläontologen William Diller Matthew (1871– 1930) beschrieben. Bei der wissenschaftlichen Untersuchung hatten
ihm zwei Unterkiefer und ein Zahn aus Wyoming (USA) aus
dem Eozän (etwa 53 bis 34 Millionen Jahre) vorgelegen. Der
Artname *Machaeroides simpsoni* erinnert an den amerikanischen Paläontologen George Gaylord Simpson (1902–1984).
Machaeroides hatte eine Schulterhöhe von ca. 30 Zentimetern, eine Kopfrumpflänge von etwa 60 Zentimetern und –
zusammen mit dem ungefähr 30 Zentimeter langen Schwanz
– eine Gesamtlänge von rund 90 Zentimetern.

Die erste Beschreibung von *Thylacosmilus atrox* erfolgte 1934
durch den amerikanischen Paläontologen Elmer Riggs (1869–
1963). Sie erfolgte auf der Basis von zwei Teilskeletten aus
dem Pliozän von Argentinien. Diese Funde gelten als die am
komplettesten erhaltenen Fossilien jener Art. *Thylacosmilus
atrox* hatte etwa die Größe eines südamerikanischen Jaguars.
Er erreichte eine Schulterhöhe von ca. 60 Zentimetern, eine
eine Kopfrumpflänge von etwa 1,20 Meter, wozu noch ein
schätzungsweise 45 Zentimeter langer Schwanz kam.

Unter Kryptozoologen, die weltweit nach verborgenen Tier-
arten suchen, kursieren Berichte über angebliche Sichtungen
von Großkatzen aus Südamerika und Afrika, bei denen es
sich um Säbelzahnkatzen handeln soll. Der verhältnismäßig
junge Forschungszweig der Kryptozoologie wurde um 1950
von dem belgischen Zoologen und Publizisten Bernard

Heuvelmans (1916–2001) gegründet und bewegt sich zwischen seriöser Wissenschaft und purer Phantasie. Eingeborene in der Zentralafrikanischen Republik und aus dem Tschad berichteten über mysteriöse „Tiger der Berge" in ihrer Heimat. Spekulationen zufolge könnte es sich um überlebende Tiere der Gattungen *Machairodus* oder *Meganteron* handeln, die aus Afrika durch Fossilien belegt sind. Als an ein Leben im Wasser angepasste Säbelzahnkatzen werden so genannte „Wasserlöwen" oder „Panther des Wassers" gedeutet, die in der Zentralafrikanischen Republik existieren sollen.

Johann Jakob Kaup (1803–1873),
Zoologe und Paläontologe aus Darmstadt,
beschrieb 1833 erstmals
die Säbelzahn-Gattung Machairodus.
Mit ihm hat die Erforschung
der Säugetierfauna
aus den Dinotheriensanden bei Eppelsheim
einst angefangen.

Machairodus:
Die Säbelzahnkatze
am Ur-Rhein

In Europa, Asien, Afrika und Nordamerika lebten vom Mittelmiozän vor ca. 15 Millionen Jahren bis zum Ende des Plio-
zäns vor etwa 2,6 Millionen Jahren verschiedene Arten der
Säbelzahnkatze *Machairodus*. Sie hat also rund zwölf Millionen Jahre und somit länger existiert als alle anderen Gattungen der echten Säbelzahnkatzen. Die geologisch jüngsten
Funde von *Machairodus* kamen in Nordafrika (Tunesien) zum
Vorschein.
Die Gattung *Machairodus* wurde 1833 von dem Zoologen
und Paläontologen Johann Jakob Kaup (1803–1873), der am
großherzoglichen Naturalienkabinett in Darmstadt arbeitete,
wissenschaftlich untersucht und erstmals beschrieben. Ihm
hatte dabei ein oberer Eckzahn (Fangzahn bzw. Caninus) aus
Eppelsheim bei Alzey in Rheinhessen vorgelegen.
Der Gattungsname *Machairodus* beruht auf dem griechischen
Wort „máchaira" für ein schwertähnliches, im klassischen
Griechenland als Schlachtmesser eingesetztes Gerät und dem
Begriff „odon" (Nebenform von „odoús") für Zahn. Damit
heißt *Machairodus* zu deutsch etwa so viel wie „Schlachtmesserzahn".
Für die Gattung *Machairodus* sind krummsäbelige Eckzähne mit fein gezähnelten Kanten charakteristisch. Diese Kanten nutzten sich bereits innerhalb weniger Jahre ab. Die Eckzähne von *Machairodus* im Oberkiefer waren merklich länger als diejenigen im Unterkiefer. Im Gegensatz zur später
auftretenden Dolchzahnkatze *Smilodon* trug *Machairodus*
kürzere Eckzähne, die aber länger waren als bei heutigen

Im Hessischen Landesmuseum Darmstadt werden viele Funde aus Ablagerungen des Ur-Rheins in Rheinhessen aufbewahrt. Darunter befindet sich auch das Fragment eines linken Unterkieferastes mit Zähnen der Säbelzahnkatze Machairodus aphanistus (Inventarnummer HLMD-Din 1132) aus der Gegend von Eppelsheim. Maßstrich rechts unten: 2 Zentimeter.

Raubkatzen. *Machairodus* wird – wie erwähnt – zu den Säbelzahnkatzen („scimitar cats" oder „saber-toothed cats") gerechnet.

Kaup hat 1832 die Säbelzahnkatzen *Machairodus aphanistus* und *Machairodus cultridens* sowie die Dolchzahnkatze *Paramachairodus ogygius* nach Funden aus etwa zehn Millionen Jahre alten Ablagerungen des Ur-Rheins bei Eppelsheim (Kreis Alzey-Worms) in Rheinhessen beschrieben. Die dort durch Fossilien überlieferte Tierwelt gehört in das Vallesium (etwa 11,1 bis 8,7 Millionen Jahre), einen Zeitabschnitt des Obermiozäns, der nach einer typischen Säugetierfauna im Valles Penedés bei Barcelona in Katalonien (Spanien) bezeichnet ist. Die Stufe Vallesium wurde 1950 von dem spanischen Paläontologen Miguel Crusafont-Pairó (1910–1983) vorgeschlagen.

Das Vallesium umfasst in der Unterteilung des Neogen (etwa 23 bis 2,6 Millionen Jahre) mittels Säugetierresten in 17 Zonen durch Pierre Mein von 1975 die Zonen MN 9 und MN 10. Der Fundort Eppelsheim zählt zur Zone MN 9 (MN = Mammals Neogen). MN 9 ist durch das Erstauftreten („First appearance date" = FAD) des Kleinsäugetieres *Cricetulodon* (Mäuseartiger) sowie der Großsäugetiere *Hippotherium* (Ur-Pferd), *Decennatherium* (Giraffe) und *Machairodus* (Säbelzahnkatze) definiert.

Die Fossilien von *Machairodus aphanistus* und *Paramachairodus ogygius* aus der Gegend von Eppelsheim werden heute noch im Hessischen Landesmuseum Darmstadt aufbewahrt. Von *Machairodus aphanistus* liegen in Darmstadt das Fragment eines linken Unterkieferastes mit Zähnen (Inventarnummer HLMD-Din 1132) und der Rest eines Eckzahns (HLMD-Din 1140) vor, von dem rund 8,5 Zentimeter erhalten geblieben sind. Bei den Fossilien von *Paramachairodus ogygius* handelt es sich um das Fragment eines rechten Unterkieferastes mit Eckzahn und zwei Vorderbackenzähnen (HLMD-Din 1141) sowie um das Fragment eines linken

*Paläontologe Jorge Morales aus Madrid mit Schädel der
Säbelzahnkatze Machairodus aphanistus aus Batallones 1*

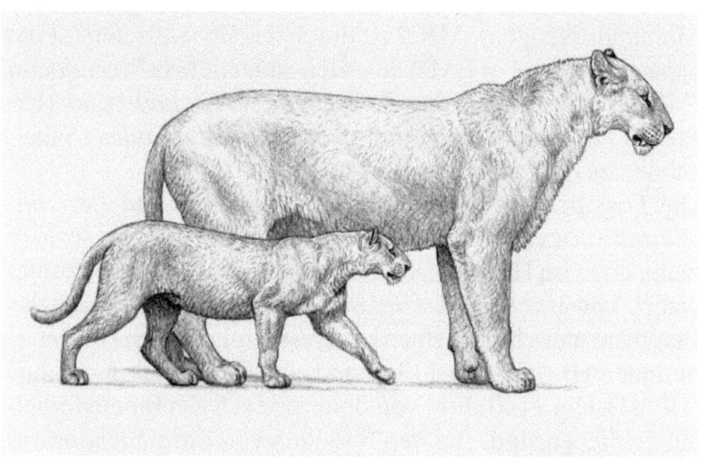

*Säbelzahnkatze Machairodus aphanistus und die merklich
kleinere Dolchzahnkatze Paramachairodus ogygius*

Unterkieferastes mit zwei Vorderbackenzähnen (HLMD-Din 1167).

Machairodus aphanistus wurde in Deutschland außer in Eppelsheim in Rheinhessen auch am ehemaligen Vulkan Höwenegg bei Immendingen/Donau (Kreis Tuttlingen) im Hegau und in Melchingen, heute ein Stadtteil von Burladingen (Zollernalbkreis), entdeckt. Diese Funde gehören alle in das Obermiozän.

Weitere Funde der Säbelzahnkatze *Machairodus aphanistus* kennt man aus Spanien (Cerro Batallones, Fuentidueña, Can Ponsich, Santiga, Can Llobateres), Frankreich (Soblay, Montredon), der Schweiz (Charmoille), Griechenland (Pikermi, Saloniki), der Türkei (Denizi, Cal, Kemiklitepe, Mahmutgazi) und China.

Nach Europa ist die Säbelzahnkatze *Machairodus aphanistus* im frühen Vallesium vor mehr als elf Millionen Jahren gelangt. Sie kam mit einer Einwanderungswelle aus dem Osten stammender Säugetiere hierher. Diese Einwanderungswelle wird als so genanntes „Hipparion datum" bezeichnet. *Hipparion* hieß früher ein dreihufiges Ur-Pferd, das heute als *Hippotherium* bezeichnet wird.

Am Fundort Batallones 1 bei Torrejón de Velasco, etwa 25 Kilometer südlich der spanischen Hauptstadt entfernt, kamen bei Grabungen unter Leitung des Paläontologen Jorge Morales aus Madrid ungewöhnlich viele und besonders gut erhaltene Reste von Säbelzahnkatzen und Dolchzahnkatzen zum Vorschein. Sie stammen aus dem Obermiozän vor etwa neun Millionen Jahren und gehören somit ebenso wie diejenigen von Eppelsheim in Rheinhessen ins Vallesium und in die Zone MN 9.

In der Gegend von Cerra Batallones gab es Hohlräume, die sich für viele Säugetiere als tödliche Fallen erwiesen. Wenn ein Tier in einen solchen Hohlraum geriet, kam es oft nicht mehr heraus, weil der Rand glitschig wie heutige Schmierseife war. Dort gefangene potenzielle Beutetiere lockten naturgemäß auch Säbelzahnkatzen und Dolchzahnkatzen an, die ebenfalls nicht mehr herausklettern konnten.

Kurioserweise werden in Cerro Batallones die fossilhaltigen Schichten, in denen sich auch Reste prähistorischer Säbelzahnkatzen und Dolchzahnkatzen befinden, abgebaut, um Material für Katzenstreu zu gewinnen. Bisher wurde von den dort bekannten sechs Fundstellen lediglich eine, nämlich Batallones 1, systematisch untersucht. Zum Fundgut gehören die Säbelzahnkatze *Machairodus aphanistus* und die Dolchzahnkatze *Paramachairodus ogygius*.

Batallones 1 gilt als eine der fossilreichsten Fundstellen aus dem Obermiozän in Europa. Dort hat man Reste von Fischen, Amphibien, Reptilien, Vögeln und Säugetieren geborgen. Ungewöhnlich hoch ist der Anteil von Raubtierknochen, der sage und schreibe 98 Prozent erreicht. Normal sind durchschnittlich elf Prozent Raubtierreste.

Von den zahlreichen Raubtierfossilien in Batallones 1 entfallen rund 29 Prozent auf die erwähnte Säbelzahnkatzen- und Dolchkatzen-Art. Die Reste von *Machairodus aphanistus* stammen von zwölf erwachsenen und zwei jungen Tieren. Bei *Paramachairodus ogygius* sind es 17 erwachsene Tiere und ein Jungtier. Bisher wurden in Batallones 1 also ingesamt 32 Säbelzahnkatzen und Dolchzahnkatzen nachgewiesen. Zur Tierwelt von Batallones 1 zählten auch Bärenhunde *(Amphicyon)*, schakalähnliche Hyänen *(Protictitherium)*, Katzenbären *(Simocyon)*, Rüsseltiere *(Tetralophodon)*, dreihufige Ur-Pferde *(Hippotherium)*, hornlose Nashörner *(Aceratherium)* und Wildschweine *(Microstonyx)*.

Ein Schädel mit Unterkiefer aus der oberen Schicht des westtürkischen Fundortes Kemiklitepe gehört zu den vollständigsten Exemplaren der Säbelzahnkatze *Machairodus*. Dieses Fossil ist merklich höher entwickelt als die Funde aus der unteren Schicht. Aus der unteren Schicht kamen Fragmente eines Schädels und eines Unterkiefers von *Machairodus* zum Vorschein.

Bei den Funden von *Machairodus aphanistus* aus Charmoille bei Porrentruy (Pruntrut) im schweizerischen Kanton Jura handelt es sich um einen rechten Unterkieferast mit einem Backenzahn und einem Vorderbackenzahn sowie um das Fragment eines oberen Eckzahns. Diese beiden Fossilien stammen aus den obermiozänen Hipparionsanden, die nach dem Ur-Pferd *Hippotherum* (früher *Hipparion*) benannt sind. Man bezeichnet diese Ablagerungen wegen ihrer nördlichen Herkunft auch als Vogesenschotter und Vogesensande. Der Fundort Charmoille wird in die Zone MN 9 datiert.

Das Straßendorf Charmoille gehört inzwischen zur Gemeinde La Baroche. In Charmoille wurden in der heute verlassenen Grube von Vielle Tuilerie, etwa 470 Meter nördlich der Kirche des Dorfes, mehr als drei Jahrzehnte lang Vogesensande abgebaut, wobei immer wieder Reste fossiler Säugetiere ans Tageslicht kamen. Durch Schenkungen und Kauf gelangten die Fossilien zum größten Teil in das Naturhistorische Museum Basel.

Zur obermiozänen Tierwelt von Charmoille zählten Biber *(Monosaulax minutus)*, Säbelzahnkatzen *(Machairodus aphanistus)*, Bärenhunde *(Agnotherium* cf. *antiquum)*, Waldantilopen *(Miotragocerus pannoniae)*, kleinwüchsige Hirsche *(Dorcatherium naui, Euprox dicranocerus)*, Schweine *(Hyotherium paleochoerus, Conohyus simorrensis)*, krallentragende Huftiere *(Chalicotherium goldfussi)*, Ur-Pferde *(Hippotherium primigenium)*, Nashörner *(Aceratherium* cf. *incisivum, Dihoplus* cf. *schleiermacheri)*, Tapire *(Tapirus priscus)*, Rüsseltiere *(Deinotherium giganteum, Tetralophodon longirostris)*. Diese Fauna entspricht derjenigen von Eppelsheim und vom Höwenegg in Deutschland.

Die Säbelzahnkatze *Machairodus aphanistus* ist auch durch einen Fund aus Zillingdorf (Bezirk Wiener Neustadt-Land) in Niederösterreich belegt. In der Literatur findet man teilweise auch die falsche Schreibweise Zillingsdorf. Bei dem Fossil von dort handelt es sich um einen linken zweiten Ba-

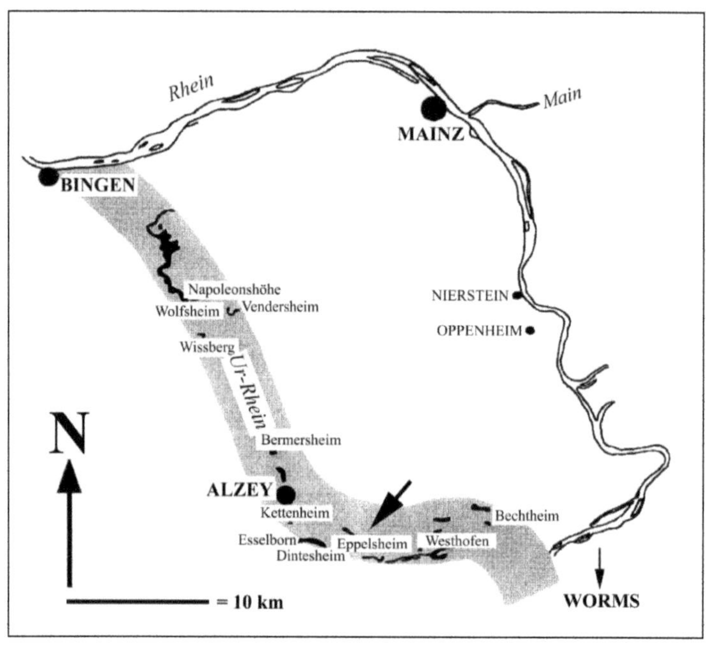

*Dinotheriensand-Fundorte
und Rekonstruktion des Verlaufes
des Ur-Rheins in Rheinhessen
im Obermiozän
vor etwa zehn Millionen Jahren.
Zeichnung von Christine Hemm-Herkner
nach einer Vorlage
des Paläontologen Jens Lorenz Franzen
(zum Teil nach Heinz Tobien 1980
und Joachim Bartz 1936)*

32

ckenzahn des Unterkiefers. Der Originalfund mit der Inventarnummer „NHWM 1864 I 667" ist im Naturhistorischen Museum Wien ausgestellt. Die auf einem Etikett lesbare Inventarnummer deutet darauf hin, dass dieser Zahn um 1864 gefunden wurde. Fundjahr und Archivierung sind auf alten Etiketten nicht immer identisch.

Nach Ansicht des schweizerischen Paläontologen Gérard de Beaumont aus Genf existierten nur zwei Arten von *Machairodus*: die 1832 von Johann Jakob Kaup aus Eppelsheim in Deutschland beschriebene ältere und kleinere Art *Machairodus aphanistus* und die 1848 von dem Münchner Paläontologen Andreas Wagner (1797–1861) aus Pikermi in Griechenland beschriebene jüngere und größere Art *Machairodus giganteus*.

Mit der Säbelzahnkatze *Machairodus aphanistus* ist – wie man heute weiß – *Machaidorus cultridens* identisch. Als einzigen Fundort von *Machairodus cultridens* in Rheinhessen nennt der Geologe und Paläontologe Jens Sommer in seiner Doktorarbeit über die Dinotheriensande von 2007 die Lokalität Eppelsheim.

Die im Vergleich zur Säbelzahnkatze *Machairodus aphanistus* merklich kleinere Dolchzahnkatze *Paramachairodus ogygius* hat man außer in Eppelsheim auch in den Dinotheriensanden von Esselborn und am Wissberg bei Gau-Weinheim in Rheinhessen nachgewiesen.

Die Ablagerungen des Ur-Rheins bei Eppelsheim und an etlichen anderen Fundorten in Rheinhessen werden Dinotheriensande genannt, weil sie oft Zähne und Knochen des Rüsseltieres *Deinotherium giganteum* („Riesiges Schreckenstier") enthalten. Der Ur-Rhein hatte im Obermiozän einen ganz anderen Verlauf als der heutige Rhein. Er strömte – weiter westlich als heute – ab dem Raum Worms quer durch Rheinhessen über Westhofen, Eppelsheim, Esselborn, Bermersheim, den Wissberg bei Gau-Weinheim und den Steinberg (Napoleonshöhe) bei Sprendlingen (Rheinland-

*Luftbild des Dorfes Eppelsheim in Rheinhessen (oben)
und Luftbild der Grabungsstelle im Gewann „Auf dem
Alzeyer Weg" bei Eppelsheim (unten)*

Bei einem Ballonflug aufgenommenes Luftbild der Grabungsstelle im Gewann „Auf dem Alzeyer Weg" bei Eppelsheim (oben) und Grabung im Sommer 2008

*Der Paläontologe Jens Lorenz Franzen
aus Titisee-Neustadt, früherer langjähriger
Mitarbeiter am Forschungsinstitut
Senckenberg in Frankfurt am Main,
ist der Wiederentdecker der verschollenen
Fossilfundstelle bei Eppelsheim unter
acht Meter mächigen Deckschichten und
Begründer der ersten wissenschaftlichen
Grabungen dort. Er leitete Grabungen in
Eppelsheim und Dorn-Dürkheim in Rhein-
hessen, untersuchte und beschrieb Fund-
stellen und Funde. Kein anderer Wissen-
schaftler hat so lange und so intensiv in den
Ablagerungen des Ur-Rheins gegraben wie er.
Maßgeblich war er auch am Aufbau des
Dinotherium-Museums in Eppelsheim beteiligt.*

Heiner Roos war von 1988 bis 1999
Bürgermeister der mehr als 1300 Einwohner
zählenden rheinland-pfälzischen Gemeinde
Eppelsheim (Kreis Alzey-Worms)
in Rheinhessen. Während seiner Amtszeit
bemühte er sich erfolgreich darum,
dass die Dinotheriensand-Fundstelle
bei Eppelsheim wieder entdeckt
und dort wissenschaftliche Grabungen
durchgeführt wurden.
Roos ist der „geistige Vater"
des Dinotherium-Museums in Eppelsheim,
das am 11. August 2001 eröffnet wurde
und über die exotische Tierwelt
am Ur-Rhein im Obermiozän
vor etwa zehn Millionen Jahren informiert.

*Exotische Tierwelt am Ur-Rhein bei Eppelsheim
im Obermiozän vor etwa zehn Millionen Jahren
auf einem Gemälde des akademischen Malers
Pavel Major aus Prag, das im Auftrag
der Gemeinde Eppelsheim angefertigt wurde:
Im Vordergrund links und rechts
hornlose Nashörner (Aceratherium incisivum),
dazwischen dreihufige Ur-Pferde
(Hippotherium primigenium) und
kleinwüchsige Hirsche (Euprox furcatus).
Im Hintergrund rechts eine Herde
von Rhein-Elefanten (Deinotherium giganteum),
im Hintergrund links auf der anderen Flussseite
krallenfüßige Huftiere (Chalicotherium goldfussi).
Eine wandfüllende Reproduktion
dieses Gemäldes ist im Dinotherium-Museum
in Eppelsheim zu sehen.*

Pfalz) auf die Binger Pforte zu. Der damalige Strom berührte
nicht – wie heute – die Gegend von Oppenheim, Nierstein,
Nackenheim, Mainz, Wiesbaden und Ingelheim. Das geschah
erst später.
Am Ufer des Ur-Rheins existierte eine exotische Tierwelt,
wie man vor allem durch Fossilien aus Eppelsheim südlich
von Alzey weiß. Allein von dort sind mindestens 35 Säuge-
tier-Arten durch Funde nachgewiesen, von denen 25 erstmals
von Eppelsheim beschrieben wurden.
In der Gegend von Eppelsheim lebten meterlange Schildkrö-
ten, Maulwürfe *(Talpa vallesensis)*, spitzmausähnliche Insek-
tenfresser *(Plesiosorex roosi, Crusafontina kormosi)*, Menschenaffen *(Dryopithecus* sp., *Paidopithex rhenanus, Rheno-
pithecus eppelsheimensis)*, Säbelzahnkatzen *(Machairodus
aphanistus)*, Dolchzahnkatzen *(Paramachairodus ogygius)*,
Bärenhunde *(Agnotherium antiquum, Amphicyon eppelsheimensis)*, Katzenbären *(Simocyon diaphorus)*, schakalähnliche Hyänen *(Ictitherium robustum)*, Biber *(Palaeomys
ogygius)*, Rüsseltiere (die Rhein-Elefanten *Prodeinotherium
bavaricum* und *Deinotherium giganteum* sowie die Ur-Ele-
fanten *Gomphotherium angustidens, Tetralophodon longirostris, Stegotetrabelodon gigantorostris)*, Tapire *(Tapirus
priscus, Tapirus antiquus)*, Nashörner *(Aceratherium incisivum, Brachypotherium goldfussi, Dihoplus schleiermacheri)*, krallenfüßige Huftiere *(Chalicotherium goldfussi)*,
Ur-Pferde *(Hippotherium primigenium)*, Schweine *(Pro-
potamochoerus palaeochoerus, Conohyus simorrensis, Microstonyx antiquus)*, das geweihlose Zwergböckchen *Dorcatherium naui*, die muntjakähnlichen Gabelhirsche *Euprox
furcatus* und *Euprox dicranocerus*, der Gabelhirsch *Amphiprox anocerus*, der Zwerghirsch „*Cervus“ nanus* und
Waldantilopen *(Miotragocerus* cf. *pannoniae)*.
Nachzulesen ist dies in dem Taschenbuch „Der Ur-Rhein.
Rheinhessen vor zehn Millionen Jahren“ des Wiesbadener
Wissenschaftsautors Ernst Probst sowie im Museumsführer

Jens Lorenz Franzen / Heiner Roos / Ernst Probst

Das Dinotherium-Museum in Eppelsheim

*Herausgegeben vom
Förderverein
Dinotherium-Museum e.V.
Eppelsheim*

*Der Museumsführer „Das Dinotherium-Museum
in Eppelsheim" von Jens Lorenz Franzen, Heiner Roos und
Ernst Probst informiert über die Tierwelt am Ur-Rhein
im Obermiozän vor etwa zehn Millionen Jahren,
zu der Säbelzahnkatzen und Dolchzahnkatzen gehörten.*

40

„Das Dinotherium-Museum in Eppelsheim" von Jens Lorenz Franzen, Heiner Roos und Ernst Probst, die beide 2009 erschienen sind. Franzen ist der Wiederentdecker der Dinotheriensand-Fundstelle und Begründer der ersten wissenschaftlichen Grabungen bei Eppelsheim. Roos ist Altbürgermeister von Eppelsheim und „geistiger Vater" des Dinotherium-Museums in Eppelsheim.

Die in den Dinotheriensanden nachgewiesene Säbelzahnkatze *Machairodus aphanistus* hatte etwa die Größe eines heutigen Löwen, der es auf eine Schulterhöhe von rund einem Meter und eine Kopfrumpflänge von ungefähr 1,90 Meter bringt. Dagegen erreichte die Dolchzahnkatze *Paramachairodus ogygius* nur etwa die Maße eines jetzigen Pumas, der eine Schulterhöhe von rund 70 Zentimetern und eine Kopfrumpflänge von durchschnittlich 1,30 Meter erreicht. Die Säbelzahnkatze *Machairodus* und die Dolchzahnkatze *Paramachairodus* wirkten aber viel muskulöser als Löwe oder Puma.

In älterer Literatur heißt es, die extrem kräftigen Säbelzahnkatzen und Dolchzahnkatzen aus dem Obermiozän hätten mit flinken Raubkatzen, die ihre Beute über längere Distanz hinweg verfolgen und einholen können, wenig gemein. Für Verfolgungsjagden, wie sie etwa Tiger, Löwen oder Leoparden betreiben, seien die kurzen Unterschenkelknochen der Säbelzahnkatzen und Dolchzahnkatzen nicht geeignet gewesen. Ihre Eckzähne hätten wie „Brieföffner" beim Aufschlitzen von Kadavern gewirkt.

Dank der Entdeckung komplett erhaltener Skelette von Säbelzahnkatzen und Dolchzahnkatzen ab 1991 an der spanischen Fundstelle Batallones 1 bei Madrid kam man zu neuen Erkenntnissen. Nach der wissenschaftlichen Untersuchung der Skelettfunde von Batallones 1 vertritt man die Auffassung, die Säbelzahnkatze *Machairodus aphanistus* und die Dolchzahnkatze *Paramachairodus ogygius* aus dem Obermiozän seien agile Springer und Jäger gewesen. Sie hätten potentiel-

*Das Buch „The big cats and their fossil relatives" (1997)
von Alan Turner und Mauricio Antón mit einem Bild
von Dinofelis auf der Titelseite informiert in Wort und Bild
über prähistorische Großkatzen.*

42

le Beutetiere rasch über kurze Strecken gescheucht und nicht einfach angesprungen.

Heutige Tiger lauern – gut getarnt durch das kontrastreiche Fellmuster – oft stundenlang im hohen Gras oder in Nähe einer Wasserstelle auf Beutetiere. Sie schleichen so dicht wie möglich an ihre Opfer heran, bis sie diese mit wenigen Sprüngen angreifen können. Häufig greifen sie den Hals ihrer Beutetiere an. Mit Hilfe ihrer enormen Beißkraft werden dem Beutetier Halswirbel und Rückenmark durchtrennt.

Bevorzugte Beutetiere von *Machairodus aphanistus* könnten die Waldantilope *Miotragocerus pannoniae* und das Ur-Pferd *Hippotherium primigenium* gewesen sein. Diese beiden Tiere gehörten – wie erwähnt – zur Tierwelt am Ur-Rhein in Rheinhessen. Die Hufstruktur der Waldantilope deutet darauf hin, dass sie ein langsamerer Läufer, aber ein besserer Schwimmer als das Ur-Pferd war. Beim Angriff einer Säbelzahnkatze könnte die Waldantilope also – wenn möglich – ins Wasser geflüchtet sein.

Machairodus aphanistus wird – wie erwähnt – zum Stamm der Homotheriini gerechnet, *Paramachairodus ogygius* dagegen zum Stamm der Smilodontini. Zu letzterem Stamm zählt auch die Gattung *Smilodon* in Nord- und Südamerika, deren größte Art *Smilodon populator* eine Schulterhöhe von etwa 1,20 Metern hatte und bis zu 28 Zentimeter lange Eckzähne trug.

Die Säbelzahnkatze *Machairodus aphanistus* von Eppelsheim erreichte eine Schulterhöhe von ca. 1,10 Meter und eine Kopfrumpflänge von etwa zwei Metern. Auf einer Zeichnung in dem Buch „The big cats and their fossil relatives" (1997) von Alan Turner und Mauricio Antón trägt diese Raubkatze einen schätzungsweise 70 Zentimeter langen Schwanz.

Anhand von sechs Schädeln mit einer Länge zwischen 23,7 und 31,3 Zentimetern von der spanischen Fundstelle Batallones 1 hat man das Lebendgewicht der Säbelzahnkatze *Machairodus aphanistus* errechnet. Demnach wog diese

Mit einer Schulterhöhe von etwa 1,10 Meter
und einer Kopfrumpflänge
von etwa zwei Metern war
die Säbelzahnkatze Machairodus aphanistus
(Bild oben) in der Tierwelt am Ur-Rhein
im Obermiozän vor etwa zehn Millionen Jahren
vermutlich der „König der Tiere".
Diesen Titel konnten
der löwengroßen Raubkatze
allenfalls die Bärenhunde
Amphicyon eppelsheimensis
und Agnotherium antiquum
streitig machen.
Die Zeichnungen auf den Seiten 44 und 45
stammen von dem akademischen Maler
Pavel Major aus Prag
und sind im Dinotherium-Museum
in Eppelsheim zu sehen.

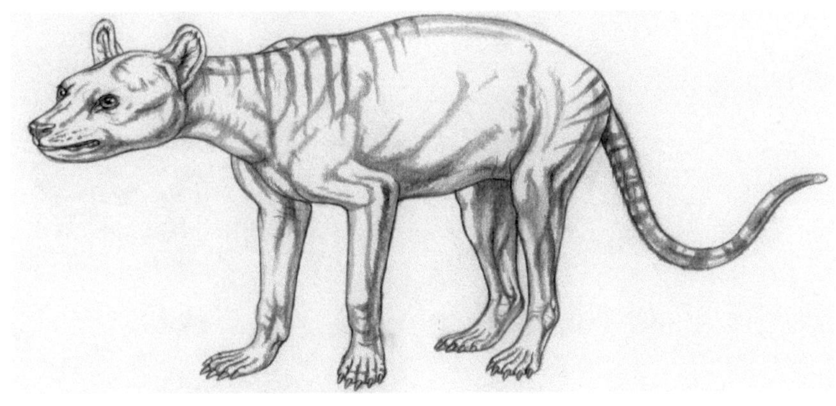

*Kleinere räuberische Konkurrenten
der Säbelzahnkatze Machairodus aphanistus
am Ur-Rhein in Rheinhessen
im Obermiozän vor etwa zehn Millionen Jahren:
Der Bärenhund Amphicyon eppelsheimensis
(Bild oben) erreichte eine Schulterhöhe
bis zu etwa 85 Zentimetern
und eine Länge bis zu rund 1,90 Meter.
Die schakalähnliche Hyäne
Ictitherium robustum (Bild unten) brachte es
auf eine Gesamtlänge bis zu etwa 1,20 Meter.*

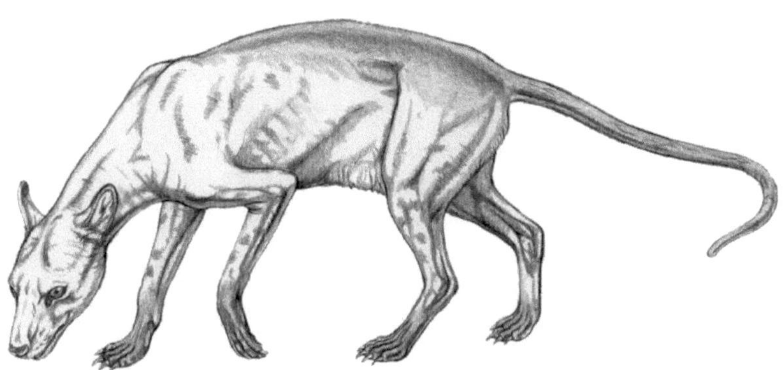

Der heutige Sibirische Tiger
(Panthera tigris altaica),
auch Amur-Tiger genannt,
gilt als größte Raubkatze der Gegenwart.
Laut Online-Lexikon „Wikipedia"
erreicht diese Raubkatze
eine Schulterhöhe
von etwa einem Meter
und eine Gesamtlänge
von ungefähr drei Metern
(Kopfrumpflänge mehr als zwei Meter,
dazu kommt noch
ein ca. 90 Zentimeter langer Schwanz).
Weibchen haben ein Gewicht
bis zu 150 Kilogramm und
Männchen bis zu etwa 250 Kilogramm.
Ähnlich groß
wie der Sibirische Tiger
könnte die Säbelzahnkatze
Machairodus giganteus gewesen sein.

Raubkatze zu Lebzeiten zwischen 100 und 240 Kilogramm, was etwa einem heutigen Tiger oder Löwen entspricht. Sie war viel größer und schwerer als ihr Zeitgenosse *Paramachairodus ogygius* mit einem Gewicht von nur 28 bis 65 Kilogramm.

Machairodus hatte insgesamt 30 Zähne, von denen sich 16 im Oberkiefer und 14 im Unterkiefer befanden. Jeder der beiden Oberkieferäste trug acht Zähne: drei Schneidezähne (Incisiven), einen Eckzahn (Caninus), drei Vorderbackenzähne (Prämolaren P2, P3, P4) und einen Backenzahn (Molar). In den beiden Unterkieferästen saßen drei Schneidezähne, ein Eckzahn, zwei Vorderbackenzähne (P3, P4) und ein Backenzahn.

Herrliche Bilder von *Machairodus aphanistus* und *Paramachairodus ogygius* sind in dem erwähnten Buch „The big cats an their fossil relatives" zu bewundern. Auf allen Zeichnungen hat der Illustrator Mauricio Antón diese Säbelzahnkatze und Dolchzahnkatze mit prächtigem Fellmuster und langem Schwanz, der etwa 40 Prozent des Körpers entspricht, meisterhaft dargestellt. Ein auf Funden von Cerro Batallones bei Madrid basierendes Bild zeigt *Machairodus aphanistus* in vollem Lauf.

In der Tierwelt am Ur-Rhein vor etwa zehn Millionen Jahren war die Säbelzahnkatze *Machairodus* vermutlich der „König der Tiere". Diesen Titel konnten ihm allenfalls die Bärenhunde *(Amphicyon eppelsheimensis, Agnotherium antiquum)* streitig machen. *Amphicyon eppelsheimensis* beispielweise erreichte eine Schulterhöhe bis zu etwa 85 Zentimetern und eine Länge bis zu rund 1,90 Meter. Die schakalähnliche Hyäne *Ictitherium robustum* dagegen brachte es „nur" auf eine Gesamtlänge bis zu etwa 1,20 Meter.

Laut Online-Lexikon „Wikipedia" kann man innerhalb der Gattung *Machairodus* zwei Grundtypen unterscheiden:

1. Einen eher primitiven Typ wie *Machairodus aphanistus*, der in weiten Teilen Europas und Asiens nachgewiesen ist

und in Nordamerika unter dem Namen *Nimravides catacopis* (Schulterhöhe etwa ein Meter) beschrieben wurde. Dieser Typ besaß einen typischen Katzenkörper.

2. Einen weiter entwickelten Typ, zu der die europäische Art *Machairodus giganteus* und die ähnliche oder vielleicht sogar identische nordamerikanische Art *Machairodus coloradensis* (Schulterhöhe 1,20 Meter) gehörten. Bei diesem Typ hatten sich verlängerte Vordergliedmaßen herausgebildet, deren Struktur eher hyänenartig wirkte. Außerdem waren bei diesen Formen die Zähne stärker abgeflacht.

Als vielleicht größte Art der Gattung *Machairodus* gilt die Spezies *Machairodus giganteus*. Von dieser tigergroßen Säbelzahnkatze mit einer Schulterhöhe von ungefähr 1,20 Meter und einer Kopfrumpflänge von schätzungsweise bis zu 2,40 Metern kennt man verschiedene Reste aus Europa und Asien. Ein heutiger Sibirischer Tiger bzw. Amur-Tiger *(Panthera tigris altaica)*, die größte Raubkatze der Gegenwart, bringt es – laut Online-Lexikon „Wikipedia" auf eine Schulterhöhe von etwa einem Meter, eine Gesamtlänge von ungefähr drei Metern (Kopfrumpflänge mehr als zwei Meter, dazu ein ca. 90 Zentimeter langer Schwanz) und ein Gewicht bis zu 150 Kilogramm bei Weibchen und bis zu etwa 250 Kilogramm bei Männchen.

Auf der lesenswerten Internetseite www.big-cats.de von Frank Huber aus Kiel werden noch eindrucksvollere Maße und Gewichte für den größten Tiger der Gegenwart genannt. Dieser Webseite zufolge haben die imposantesten Sibirischen Tiger eine Kopfrumpflänge bis zu 2,80 Metern und einen bis zu 1,10 Meter langen Schwanz, was eine respektable Gesamtlänge von fast vier Metern ergibt. Als Schulterhöhe werden bis zu 1,20 Meter erwähnt sowie als Gewicht für Weibchen bis zu 170 Kilogramm und für Männchen bis zu 300 Kilogramm.

Bei einem Größenvergleich mit einem jetzigen Indonesischen Tiger *(Panthea tigris corbett)*, der kleinsten Unterart heuti-

48

ger Tiger, schneidet die Säbelzahnkatze *Machairodus giganteus* noch viel besser ab. Indonesische Tiger erreichen eine Kopfrumpflänge von etwa 1,40 Meter, eine Schwanzlänge von rund 60 Zentimetern und ein Gewicht von ungefähr 90 Kilogramm (Weibchen) bis zu 120 Kilogramm (Männchen).

Ein Schädel von *Machairodus giganteus taracliensis* aus Taraklia (Ukraine) ist 31 Zentimeter lang. Die am besten erhaltenen Schädel von *Machairodus giganteus* liegen aus China vor. Der Schädel dieser Art war merklich länger und niedriger als der von anderen Säbelzahnkatzen. Aus Shansi in China ist ein besonders großer Schädel eines *Machairodus giganteus* mit einer Länge von 36,3 Zentimetern bekannt.

Experten vermuten, dass die im Vergleich zu Weibchen besonders großen Männchen von *Machairodus giganteus* sich zuweilen erbitterte Rangordnungskämpfe mit männlichen Rivalen lieferten. Dabei ging es um die Vorherrschaft im Revier oder um die Gunst von Weibchen. Womöglich waren Männchen von *Machairodus giganteus* – ähnlich wie heutige Tiger – etwa anderthalb Mal so groß wie Weibchen ihrer Art.

Säbelzahnkatzen und Dolchzahnkatzen lebten im Obermiozän vor etwa 8,5 Millionen Jahren auch in der Gegend von Dorn-Dürkheim (Kreis Mainz-Bingen) in Rheinhessen. In Dorn-Dürkheim 1 sind die Dolchzahnkatzen *Paramachairodus orientalis* und *Paramachairodus ogygius* sowie die Säbelzahnkatze *Machairodus* cf. *aphanistus* durch Funde nachgewiesen, die der Frankfurter Paläontologe Michael Morlo identifizierte.

Dorn-Dürkheim 1 gilt als eine der artenreichsten Säugetier-Fundstellen Europas und die erste Fundstätte aus dem Turolium (8,7 bis 4,9 Millionen Jahre). Als Turolium bezeichnet man Säugetierfaunen, die jener im Calatayud-Teruel-Becken östlich von Madrid in Spanien entsprechen. Die Stufe Turolium wurde 1965 von dem spanischen Paläontologen

Miguel Crusafont-Pairó (1910–1983) vorgeschlagen. Sie beruht auf dem lateinischen Namen von Teruel.

Aus dem Turolium stammen auch ein Schädel und drei Unterkiefer einer Säbelzahnkatze aus Kalmakpai im Osten von Kasachstan (Russland). Diese Funde wurden 1992 von der russischen Paläontologin Marina Sotnikova aus Moskau als eine bisher unbekannte Art namens *Machairodus kurteni* beschrieben. Der Artname *kurteni* bezieht sich auf den finnischen Paläontologen Björn Kurtén (1925–1988), der sich um die Erforschung fossiler Raubtiere verdient gemacht hat.

Die Säbelzahnkatze *Machairodus* war im Pliozän (etwa 5,3 bis 2,6 Millionen Jahre) ein gefährlicher Feind der Vormenschen in Afrika. Diese Vormenschen werden zur Gattung *Australopithecus* (lateinisch: australis = südlich, griechisch: pithekos = Affe) gerechnet, von der mehrere Arten bekannt sind. Den Begriff *Australopithecus* hat der südafrikanische Anatom Raymond Arthur Dart (1893–1988) aus Johannesburg für einen 1924 bei Taung im Betschuanaland entdeckten Kinderschädel verwendet.

Die Vormenschen unterschieden sich von den Menschenaffen durch ein mehr menschlich geformtes Becken sowie den Skelettbau der Beine und Füße, der eine aufrechte Körperhaltung und zweibeinigen Gang ermöglichte. Ihr Gehirnschädelinhalt übertraf mit etwa 440 bis 530 Kubikzentimetern schon denjenigen der Menschenaffen. Die Vormenschen waren ungefähr 1,10 bis 1,40 Meter groß. Da sie noch keine Waffen besaßen, konnten sie sich gegen die Säbelzahnkatzen nicht wehren.

Stark an eine Säbelzahnkatze erinnert die Gattung *Sansanosmilus*, die vom mittleren bis zum späten Miozän in Asien und Europa vorkam. *Sansanosmilus* ist außer am namengebenden Fundort Sansan in Frankreich auch aus Steinheim am Albuch (Kreis Heidenheim) in Baden-Württemberg nachgewiesen. Diese Gattung wird heute den Barbourofelidae, einer ausgestorbenen Linie der katzenartigen Raubtiere, zugerechnet. *Sansanosmilus* erreichte eine Gesamtlänge von ca. 1,50 Meter und ein Gewicht von etwa 80 Kilogramm.

Eine primitivere Form der Barbourofelidae ist die Gattung *Prosansanosmilus,* die auch in Deutschland (Langenau bei Ulm in Baden-Württemberg, Sandelzhausen bei Mainburg in Bayern) vorkam. Als letzte Gattung der Barbourofelidae gilt *Barbourofelis,* die besonders lange, obere Eckzähne trug und in Nordamerika und Asien (Türkei) verbreitet war.

*Der Geologe und Paläontologe Guy Ellcock Pilgrim
(1875–1943) beschrieb 1913
erstmals die Dolchzahnkatze Paramachairodus.*

*Der Zoologe und Paläontologe Johann Jakob Kaup
(1803–1873) aus Darmstadt beschrieb 1832 erstmals
die Dolchzahnkatze Paramachairodus ogygius.*

Paramachairodus:
Die Dolchzahnkatze
am Ur-Rhein

In Asien und Europa war vom Obermiozän vor etwa elf bis
fünf Millionen Jahren die Dolchzahnkatze *Paramachairodus*
verbreitet. Diese Gattung wurde 1913 von dem Geologen und
Paläontologen Guy Ellcock Pilgrim (1875–1943) unter dem
Namen *Paramachaerodus* erstmals beschrieben. Der auf
Barbados geborene Pilgrim hatte zeitweise in der Region des
Persischen Golfes, im Irak, in Persien, in Pakistan, in Nord-
indien und in Nepal gearbeitet.
In der Literatur findet man für die Gattung sowohl die Schreibweise *Paramachaerodus* als auch *Paramachairodus*. Der
Autor dieses Taschenbuches benutzt die Variante *Para-
machairodus*, weil es für Laien seltsam klingt, wenn man
Machairodus (mit „i“) und *Paramachaerodus* (mit „e“)
schreiben würde. Zudem praktizieren viele Paläontologen,
die sich mit dieser Dolchzahnkatze befassen, diese Schreibweise. *Paramachairodus* gehört zum Stamm der Smilodontini
(dirk-toothed cats), zu der auch die Arten der Gattung
Smilodon aus Nord- und Südamerika zählen.
Reste von *Paramachairodus* hat man bereits in der ersten
Hälfte des 19. Jahrhunderts in den etwa zehn Millionen Jah-
re alten Ablagerungen des Ur-Rheins (Dinotheriensande) bei
Eppelsheim (Kreis Alzey-Worms) in Rheinhessen entdeckt.
Nach der wissenschaftlichen Untersuchung von Funden aus
der Gegend von Eppelsheim beschrieb der Darmstädter Zoo-
loge und Paläontologe Johann Jakob Kaup 1832 erstmals die
Art *Paramachairodus ogygius*, die er damals allerdings als
Felis ogygia bezeichnete. In der Literatur findet man heute

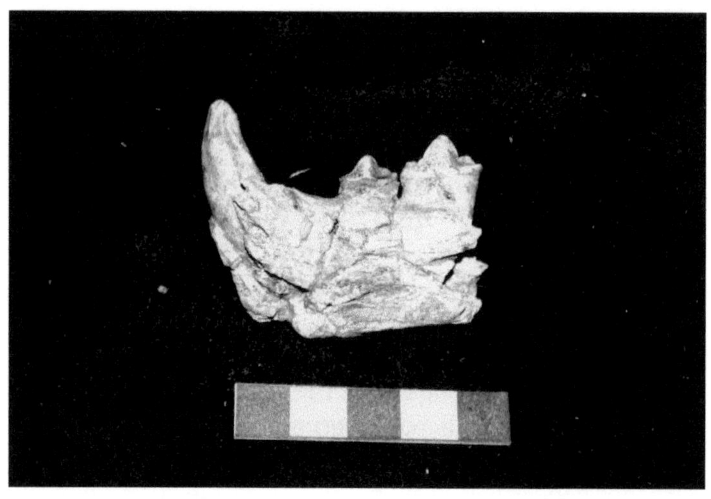

*Fragment eines rechten Unterkieferastes (HLMD-Din 1141)
mit drei Zähnen (oben) von der Dolchzahnkatze
Paramachairodus ogygius aus Eppelsheim und Behältnis
(unten) im Hessischen Landesmuseum Darmstadt*

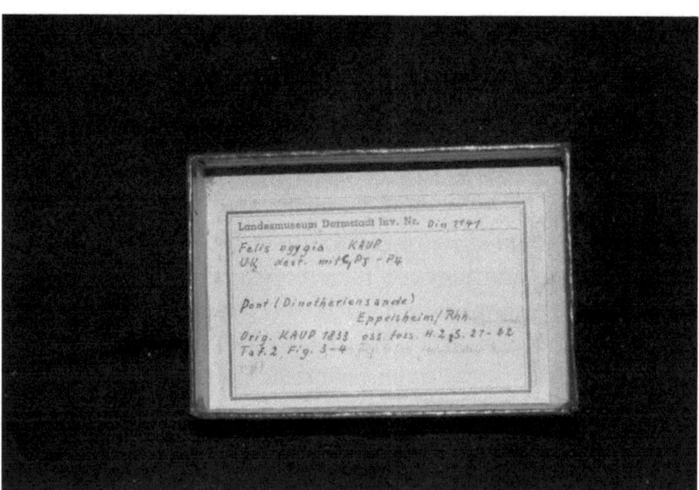

für diese Art die Schreibweisen *Paramachairodus ogygius* und *Paramachairodus ogygia*.

Da *Machairodus* – wie erwähnt – zu deutsch „Schlachtmesserzahn" heißt, bedeutet der Gattungsname *Paramachairodus* vielleicht „Neben dem Schlachtmesser" (para = neben). Der Artname *ogygius* bzw. *ogygia* dürfte auf dem griechischen Wort ogygios im Sinne von ogygian beruhen. Dies ist ein Synonym für urzeitlich, ursprünglich oder aus frühester Zeit. Im 19. Jahrhundert wurde leider nicht immer die sprachliche Ableitung und Bedeutung eines Artnamens erklärt, so wie man es erfreulicherweise heute handhabt.

Kaup hatten das Fragment eines rechten Unterkieferastes (HLMD-Din 1141) mit drei Zähnen (Eckzahn und zwei Vorderbackenzähne) und das Fragment eines linken Unterkieferastes (HLMD-Din 1167) mit zwei Zähnen (zwei Vorderbackenzähne) von *Paramachairodos ogygius* aus dem Gewann „Jörgenbauer" bei Eppelsheim vorgelegen. Diese Funde werden noch heute im Hessischen Landesmuseum Darmstadt aufbewahrt. Im Gegensatz zu anderen Fossilien in diesem bedeutenden Museum haben sie den Bombenangriff am 27. Februar 1945 heil überstanden.

Im Hessischen Landesmuseum Darmstadt befinden sich viele so genannte Typusexemplare aus den Dinotheriensanden bei Eppelsheim. Als Typusexemplare bezeichnet man die ersten Funde, anhand derer eine neue Art wissenschaftlich untersucht, beschrieben und benannt wird. Darunter wird einer als Holotyp ausgewählt Dieser Holotyp ist maßgebend für jegliche folgende wissenschaftliche Beurteilung der betreffenden Art und ihres Namens. Typusexemplare von der Typuslokalität Eppelsheim liegen in Museen von Darmstadt, Frankfurt am Main und Mainz.

Die Dolchzahnkatze *Paramachairodus ogygius* ist auch im Fundgut von Esselborn und vom Wissberg bei Gau-Weinheim vertreten. Dabei handelt es sich ebenfalls um Lokalitäten mit rund zehn Millionen Jahre alten Ablagerungen des

Grabungsstelle Dorn-Dürkheim 1 im September 1975

Ur-Rheins in Rheinhessen. Der Wissberg bei Gau-Weinheim ist wie Eppelsheim als Fundort fossiler Menschenaffenreste berühmt geworden.

Fossilien der Dolchzahnkatze *Paramachairodus ogygius* vom Wissberg werden im Hessischen Landesmuseum Darmstadt und im Naturhistorischen Museum Mainz aufbewahrt. In Darmstadt befindet sich ein Backenzahn (HLMD Din 1170). In Mainz liegen ein Unterkieferfragment mit zwei Zähnen (NHMM 1934/694) und zwei Vorderbackenzähne (NHMM 1934/91, NHMM 1939/644), die alle – wie die Inventarnummern verraten – während der 1930-er Jahre geborgen wurden.

Auf einen Laien wirkt es völlig verwirrend, unter wie vielen wissenschaftlichen Namen die Dolchzahnkatze *Paramachairodus ogygius* im Laufe der Zeit beschrieben wurde. In einem Artikel über die Raubtiere vom Fundort Dorn-Dürkheim 1 in Rheinhessen erwähnte der Frankfurter Paläontologe Michael Morlo 1997 folgende Synonyme für *Paramachairodus ogygius*: *Felis ogygia, Felis antediluviana, Felis pardis eppelsheimensis, Machaerodus ogygius, Felis* cf. *ogygia, Felis* sp., *Paramachaerodus ogygia, Neofelis (?) antediluviana, Promegantereon ogygius und Paramachairodus ogygia.* Wer weiß, ob in Zukunft nicht noch weitere Namen hinzu kommen? Experten mögen es bekanntlich gerne sehr kompliziert.

Dolchzahnkatzen der Gattung *Paramachairodus* lebten im Obermiozän vor etwa 8,5 Millionen Jahren auch in der Gegend von Dorn-Dürkheim (Kreis Mainz-Bingen) in Rheinhessen. Die Fundstelle Dorn-Dürkheim 1 wurde am 17. Dezember 1972 von dem Frankfurter Geographen Wolfgang Plass bei bodenkundlichen Untersuchungen entdeckt. Kurz darauf informierte er den Frankfurter Paläontologen Jens Lorenz Franzen.

Innerhalb von fast 20 Grabungsjahren konnten in Dorn-Dürkheim 1 – nur rund zwölf Kilometer nordöstlich von

*Der Paläontologe Gerhard Storch,
einer der Ausgräber an der Fundstelle
Dorn-Dürkheim 1 in Rheinhessen,
war ab 1969 Leiter der
Sektion „Fossile Säugetiere"
am Forschungsinstitut Senckenberg
in Frankfurt am Main und von 1997
bis zu seinem altersbedingten Ausscheiden 2004
Leiter der Abteilung „Terrestrische Zoologie".
Storch nahm an Ausgrabungen in Deutschland
(Dorn-Dürkheim, Eppelsheim),
im übrigen Mitteleuropa, in China, Marokko,
der Ägäis und Malta teil.
Bekannt ist er auch als Erstbeschreiber
mehrerer fossiler Säugetiere
aus der Grube Messel bei Darmstadt.*

Eppelsheim entfernt – aus Ablagerungen des Ur-Rheins oder einem seiner Nebenflüsse nahezu 90 Säugetierarten nachgewiesen werden. Die Artenvielfalt aus den so genannten Dorn-Dürkheim-Schichten entspricht fast derjenigen des heutigen afrikanischen Regenwaldes. Dorn-Dürkheim 1 gehört nicht zu den Fundstellen mit Dinotheriensanden, sondern dokumentiert eine Verlagerung des Rheins nach Osten. Unmittelbar danach sank vermutlich der nördliche Oberrheingraben stärker ab, so dass der Ur-Rhein sein Flussbett noch mehr in nordöstliche Richtung verlagerte.

Dorn-Dürkheim 1 gilt – wie erwähnt – als eine der artenreichsten Säugetier-Fundstellen Europas und als die erste Fundstätte aus dem Turolium (8,7 bis 4,9 Millionen Jahre). Als Turolium bezeichnet man Säugetierfaunen, die jener im Calatayud-Teruel-Becken östlich von Madrid in Spanien entsprechen.

Das Turolium umfasst in der Unterteilung des Neogen (etwa 23 bis 2,6 Millionen Jahre) mittels Säugetierresten in 17 Zonen die Zonen MN 11, M 12 und MN 13. Der Fundort Dorn-Dürkheim 1 gehört zur Zone MN 11. Diese ist durch das Erstauftreten der Kleinsäugetiere *Parapodemus lugdunensis, Huerzelerimys vireti und Occitanomys sondaari* sowie der Großsäugetiere *Birgerbohlinia* (Rindergiraffe) und *Lucentia* (Hirsch) definiert.

An den später entdeckten Fundstellen Dorn-Dürkheim 2 und Dorn-Dürkheim 3 kamen zahlreiche rund 800.000 Jahre alte Fossilien aus dem Eiszeitalter (Pleistozän) zum Vorschein. Die Entdeckungsgeschichte und die Tierwelt der Fundstellen in der Gegend von Dorn-Dürkheim werden in dem Taschenbuch „Der Ur-Rhein. Rheinhessen vor zehn Millionen Jahren" (2009) des Wiesbadener Wissenschaftsautors Ernst Probst geschildert. Darin befasst sich ein ganzes Kapitel mit dieser bemerkenswerten Fundstelle.

In der von den Ausgräbern Jens Lorenz Franzen und Gerhard Storch zusammengestellten Faunenliste für die Fundstelle

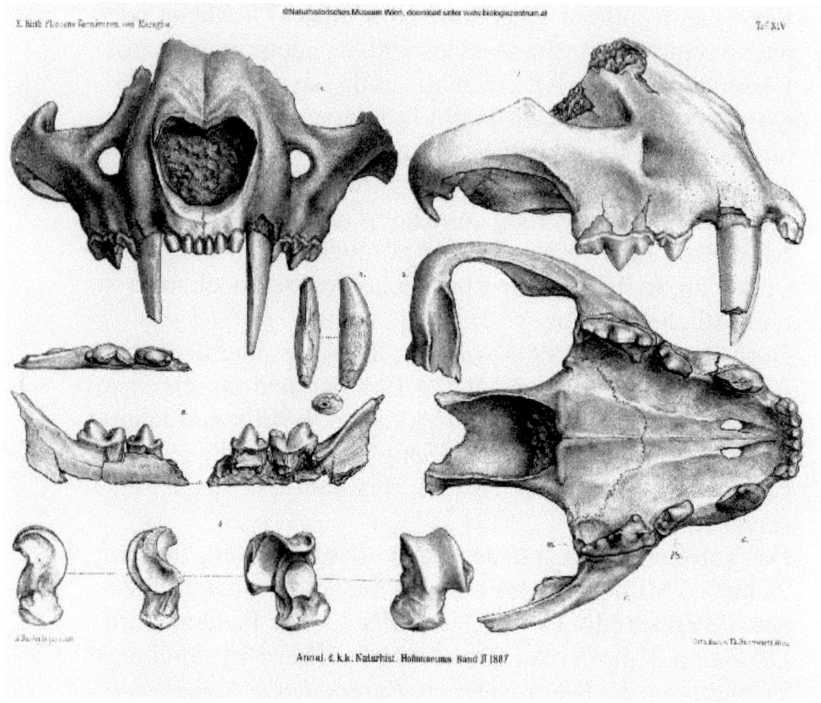

*Abbildung von Funden
der Dolchzahnkatze
Paramachairodus orientalis
aus Maragha in Persien,
die 1887
von dem Wiener Paläontologen
Ernst Kittl (1854–1913)
erstmals beschrieben wurde.
Seine Beschreibung
basierte vor allem
auf einem Schädelrest
ohne Gehirnkapsel,
aber mit zahlreichen Zähnen.*

Dorn-Dürkheim 1 fällt der hohe Anteil von Raubtieren auf. Insgesamt kennt man von dort – nach Angaben des Frankfurter Paläontologen Michael Morlo – 23 Raubtier-Arten. Die Raubtierfossilien stammen von Marderverwandten, Hyänen, Katzenverwandten und Bären.

An der Fundstelle Dorn-Dürkheim 1 sind neben der Säbelzahnkatze *Machairodus* cf. *aphanistus* auch die Dolchzahnkatzen *Paramachairodus orientalis* und *Paramachairodus ogygius* durch Zahnfunde nachgewiesen. Diese Schneidezähne, Eckzähne, Vorderbackenzähne und Backenzähne wurden von Michael Morlo identifiziert.

Von den Dolchzahnkatzen-Arten *Paramachairodus ogygius* und *Paramachairodus orientalis* gilt Erstere als ältere und primitivere Spezies. *Paramachairodus ogygius* existierte im Vallesium und im frühen Turolium (MN 9–11), *Paramachairodus orientalis* lebte im Turolium (MN 11–13).

Paramachairodus orientalis wurde 1887 von dem Wiener Paläontologen Ernst Kittl (1854–1913) in erster Linie anhand eines Schädelrestes ohne Gehirnkapsel, aber mit zahlreichen Zähnen, aus der Gegend von Maragha in Persien beschrieben. Außerdem lagen ihm ein unterer Eckzahn mit abgebrochener Spitze, ein Oberschenkelknochen und ein Sprungbein vor, die er derselben Art zurechnete.

Kittl erwähnte, jeder der beiden Oberkieferäste des Schädelrestes aus Maragha habe sieben Zähne getragen. Dieselbe Zahl vermutete er auch für beide Unterkieferäste. Demnach müsste diese Dolchzahnkatze also insgesamt 28 Zähne besessen haben. Am oberen Eckzahn fiel Kittl auf, dass dieser „vorne eine glatte, stumpfwinkelige Kante, hinten eine sehr scharfe, fein crenelierte Kante besitzt". Anders gesagt: Die oberen Eckzähne hatten hinten eine gezähnelte Kante. Nach Angaben von Kittl sind die oberen Eckzähne 8,5 bis 9 Zentimeter lang.

Dorn-Dürkheim ist bisher die nördlichste Fundstelle der Dolchzahnkatze *Paramachairodus orientalis*. Diese Art war

Rekonstruktion der Dolchzahnkatze *Paramachairodus ogygius* von Mauricio Antón. Sie basiert auf Funden von der spanischen Fundstelle Batallones 1 bei Torrejón de Valasco, etwa 25 Kilometer südlich von Madrid

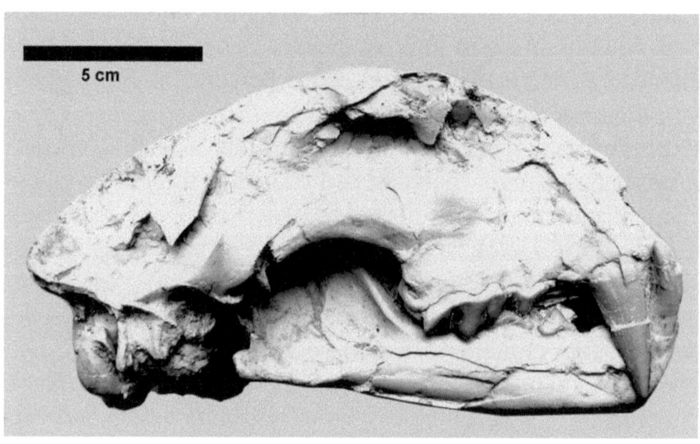

Schädel der Dolchzahnkatze *Paramachairodus ogygius* von der Fundstelle Batallones 1. Maßstab: 5 Zentimeter

in Europa und Asien weit verbreitet. Außer in Deutschland
(Dorn-Dürkheim) gibt es Fundorte in Spanien (Terrassa,
Puento Minero, Concud), Ungarn (Csákvár, Polgárdi), Grie-
chenland (Pikermi), Mazedonien (Veles), der Türkei
(Kücükçekmece), der Ukraine (Taraklia), im Iran (Maragha),
in Indien (Hasnot, Bahitta, Salt Range, Jhelum District,
Punjab) und vielleicht auch in der Mongolei.

Paramachairodus ogygius kennt man außer in Deutschland
(Eppelsheim, Wissberg bei Gau-Weinheim) auch aus Spani-
en (Cerro Batallones, Crevelliente 2, Puente Minero, La
Torumba) und Griechenland (Pikermi).

In der Gegend von Pikermi hatte schon 1835 der englische
Archäologe George Finlay (1799–1875) fossile Knochen
entdeckt. Der dortige Fundreichtum wurde mit Steppen-
bränden erklärt, bei denen flüchtende Tiere über Steilhänge
in den Tod gestürzt seien. Pikermi entspricht der Zone MN
12.

Die Gattung *Paramachairodus* war lange Zeit nur durch wenige Zahn- und Knochenfragmente bekannt. Doch ab 1991
hat man zahlreiche Fossilien dieser Dolchzahnkatze an der
spanischen Fundstelle Batallones 1 bei Torrejón de Valasco,
etwa 25 Kilometer südlich von Madrid, entdeckt. Wie
Eppelsheim in Rheinhessen gehört auch Batallones 1 zur Zone
MN 9.

In Batallones 1 barg man Reste von insgesamt 18 Dolchzahnkatzen der Art *Paramachairodus ogygius*. Davon waren 17
im erwachsenen und eine im jugendlichen Alter gestorben.
Man konnte in Batallones 1 sogar komplette Schädel bergen.
Paramachairodus ogygius gilt dank vieler Fossilien als das
am besten bekannte Raubtier von Batallones 1.

Paramachairodus ogygius erreichte eine Schulterhöhe von
etwa 58 Zentimetern und eine Kopfrumpflänge von ungefähr 1,20 Meter. Sein Schwanz könnte mehr als 30 Zentimeter lang gewesen sein. Das Lebendgewicht betrug vermutlich zwischen etwa 28 und 65 Kilogramm. Das hat 2002 der

*Beutetiere der Dolchzahnkatze
Paramachairodus ogygius:
erwachsener Gabelhirsch
Euprox (oben)
und junges Ur-Pferd
Hippotherium (unten)*

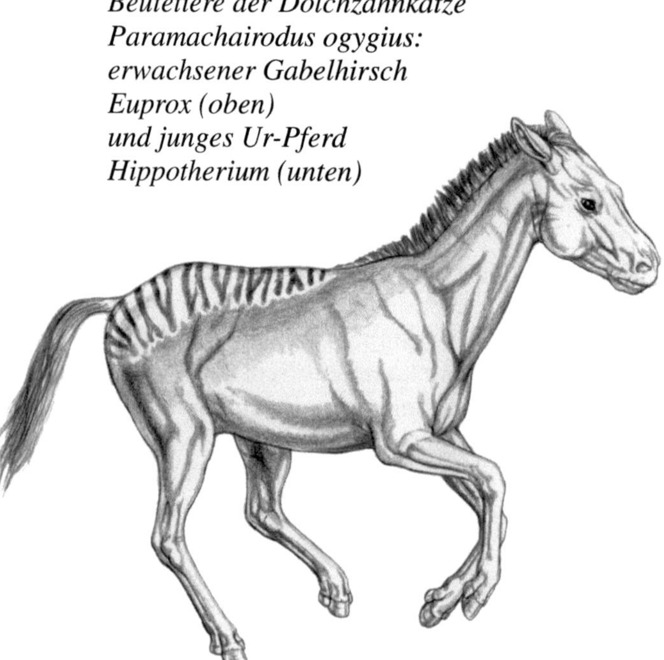

Paläontologe Manuel J. Salesa aus Liverpool errechnet. Ein solches Gewicht entspricht dem eines heutigen Pumas *(Puma concolor)*. Merklich größer und schwerer als *Paramachairodus ogygius* war dessen Zeitgenosse *Machairodus aphanistus* mit einer Schulterhöhe von ca. 1,10 Meter, einer Kopfrumpflänge von etwa zwei Metern und einem Gewicht von ungefähr 100 bis 240 Kilogramm.

Paramachairodus ogygius hatte einen schmalen Kopf mit langem Maul, ein Gebiss mit insgesamt 28 Zähnen, einen gestreckten, geschmeidigen Körper, kräftige Gliedmaßen und einen langen Schwanz. Im Vergleich mit einem Leoparden besaß er einen kleineren und schmäleren Kopf sowie längere und grazilere Hinterbeine und robustere Vorderbeine.

Die in Batallones 1 geborgenen Schädel von *Paramachairodus ogygius* erreichten eine Länge bis zu 16,8 Zentimetern. Das entspricht ungefähr der Hälfte des Schädelmaßes von *Machairodus aphanistus*.

Bei *Paramachairodus ogygius* hatten die oberen Eckzähne hinten keine gezähnelte Kante, diejenigen bei *Paramachairodus orientalis* dagegen schon. Gewisse Formunterschiede gab es auch bei den Vorderbackenzähnen dieser beiden Arten.

Nach Auskunft des spanischen Paläontologen Jorge Morales aus Madrid, des Ausgräbers in Batallones 1, hatten die dort gefundenen Eckzähne von *Paramachairodus ogygius* eine Gesamtlänge zwischen 6,20 und 7,18 Zentimetern. Ihre Kronenhöhe lag zwischen 3,03 und 4,01 Zentimetern. als Kronenhöhe bezeichnet man den über den Kiefer ragenden, sichtbaren Teil ohne Wurzel.

Angesichts seiner Größe wird *Paramachairodus ogygius* wohl kaum sehr große Tiere gejagt haben. Bevorzugte Beute waren wohl junge Ur-Pferde *(Hippotherium)* und Schweine *(Microstonyx)* sowie vielleicht erwachsene Gabelhirsche *(Amphiprox, Euprox),* welche die Größe heutiger Damhirsche erreichten. Rüsseltiere *(Tetralolophodon),* Nashörner

*Paläontologe Alan Turner (oben) aus Liverpool
und Illustrator Mauricio Antón (unten) aus Madrid,
Autoren des fantastischen Buches „The big cats
and their fossil relatives" und zahlreicher weiterer
Publikationen über prähistorische Tiere*

(Aceratherium), erwachsene Ur-Pferde in Zebragröße und erwachsene Schweine *(Microstonyx)* mit einem Gewicht bis zu 300 Kilogramm dürften als Beutetiere zu groß gewesen sein.

Nach der Form der Gliedmaßen von *Paramachairodus ogygius* zu schließen, dürfte diese Raubkatze ein agiler Kletterer gewesen sein. In der Gegend von Batallones 1 lebte diese Dolchzahnkatze in einer bewaldeten Landschaft. Dort konnte dieses Raubtier – wie heutige Leoparden – auch Bäume erklimmen.

Die am Fundort Batallones 1 nachgewiesene Dolchzahnkatze *Paramachairodus ogygius* soll – laut Manuel J. Salesa und Alan Turner (beide Liverpool) sowie Mauricio Antón und Jorge Morales (beide Madrid) – ein Einzelgänger gewesen sein. Männchen und Weibchen unterschieden sich nur geringfügig in der Größe. was auf ein gewisses Maß an Toleranz zwischen den erwachsenen Tieren schließen lässt.

Zwischen den Männchen von *Paramachairodus ogygius* herrschte – nach Ansicht der erwähnten vier Experten – vermutlich nur ein geringer Wettbewerb für den Zugang zu Weibchen. Tiere, die erwachsen geworden sind, konnten wahrscheinlich noch einige Zeit zusammen mit ihren Müttern im selben Revier leben.

Ein Fund aus Batallones 1 zeigt, dass sogar verletzte Dolchzahnkatzen der Art *Paramachairodus ogygius* manchmal eine Überlebenschance hatten. Bei einem Tier waren vier Mittelfußknochen gebrochen und nicht mehr in richtiger Lage zusammengewachsen, was zur Folge hatte, dass diese Raubkatze beim Gehen und Jagen behindert war.

Zur Gilde der Raubtiere in Batallones 1 gehörten außer der Säbelzahnkatze *Machairodus aphanistus* und der Dolchzahnkatze *Paramachairodus ogygius* auch der Bärenhund *Amphicyon* sp. aff. *A. castellanus,* die schakalähnliche Hyäne *Protictitherium crassum und* der Katzenbär *Simocyon batalleri.* Dieser Katzenbär wird als Vorfahre des in Asien vom Aus-

Paläontologe Max Schlosser (1854–1940)

sterben bedrohten Roten Panda bzw. Kleinen Panda *(Ailurus fulgens)* betrachtet. Mit der Dolchzahnkatze *Paramachairodus orientalis* identisch gilt heute die Art *Paramachairodus maximiliani*. Letztere Art aus China wurde 1904 von dem deutschen Paläontologen Max Schlosser (1854–1940) aus München erstmals beschrieben.

*

Kurz vor dem Druck erfuhr der Autor, dass *Paramachaerodus ogygia* (hier *Paramachairodus ogygius* genannt) aus Batallones jetzt *Promeganteron ogygia* heißt. Dagegen bleibt es bei *Paramachaerodus orientalis* (hier *Paramachairodus orientalis* genannt).

68

Der Katzenbär Simocyon
war ein räuberischer Zeitgenosse
der Dolchzahnkatze
Paramachairodus ogygius.
Er gilt als Vorfahre
des in Asien
vom Aussterben bedrohten
Roten Panda bzw. Kleinen Panda
(Ailurus fulgens).
Simocyon ist aus Eppelsheim
in Rheinhessen
und aus Batallones 1
in Spanien
durch fossile Funde belegt.

*Wiesbadener Wissenschaftsautor
Ernst Probst*

Der Autor

Ernst Probst, geboren am 20. Januar 1946 in Neunburg vorm Wald im bayerischen Regierungsbezirk Oberpfalz, ist Journalist und Buchautor. Er arbeitete von 1968 bis 1971 als Volontär und Redakteur bei den „Nürnberger Nachrichten", von 1971 bis 1973 in der Zentralredaktion des „Ring Nordbayerischer Tageszeitungen" in Bayreuth und von 1973 bis 2001 bei der „Allgemeinen Zeitung", Mainz. Von 2001 bis 2006 war er zunächst als Buchverleger und später auch als Fossilien- und Antiquitätenhändler aktiv.

In seiner Freizeit schrieb Ernst Probst vor allem populärwissenschaftliche Artikel für die „Frankfurter Allgemeine Zeitung", „Süddeutsche Zeitung", „Die Welt", „Frankfurter Rundschau", „Neue Zürcher Zeitung", „Tages-Anzeiger", Zürich, „Salzburger Nachrichten", „Oberösterreichische Nachrichten", Linz, „Die Zeit", „Rheinischer Merkur", „Deutsches Allgemeines Sonntagsblatt", „bild der wissenschaft","kosmos", „Deutsche Presse-Agentur" (dpa), „Associated Press" (AP) und den „Deutschen Forschungsdienst" (df).

Aus der Feder von Ernst Probst stammen zahlreiche Beiträge der Buchreihe „Geschichten, die die Forschung schreibt" sowie die Bücher „Deutschland in der Urzeit" (1986), „Deutschland in der Steinzeit" (1991), „Rekorde der Urzeit" (1992), „Dinosaurier in Deutschland" (1993 zusammen mit Raymund Windolf) und „Deutschland in der Bronzezeit"(1996). 2001 veröffentlichte Ernst Probst eine 14-bändige Taschenbuchreihe mit Biografien über berühmte Frauen („Superfrauen"). Insgesamt publizierte er mehr als 100 Bücher, Taschenbücher, Museumsführer, Broschüren und E-Books.

Literatur

ABEL, Othenio: Die vorzeitlichen Säugetiere, Jena 1914

ABEL, Othenio: Lebensbilder aus der Tierwelt der Vorzeit, Jena 1921

ANTÓN, Mauricio / MORALES, M. Jorge / TURNER, Alan: First known complete skulls of the scimitar-toothed cat *Machairodus aphanistus* (Felidae, Carnivora) from the Spanish Late Miocene site of Batallones 1. Journal of Vertebrate Paleontology, Vol. 24, Nr. 4, S. 957–969, Deerfield 2004

BEAUMONT, Gerard de: Recherches sur les félidés (Mammifères, Carnivores) du pliocène inférieur des sables à Dinotherium des environs d'Eppelsheim (Rheinhessen). Archives des Sciences, 28 (3), S. 369–405, Genéve 1975

BEAUMONT, Gerard de: Note sur deux nouvelles dents de vore du Vallèsien des Sables à Dinotherium de Rheinhessen. Archives des Sciences, 40 (2), S. 225–229, Genéve 1987

COX, Barry / DIXON, Dougal / GARDINER, Brian / SAVAGE, R. J. G.: Dinosaurier und andere Tiere der Vorzeit, München 1989

FRANZEN, Jens Lorenz / ROOS, Heiner / PROBST, Ernst: Das Dinotherium-Museum in Rheinhessen, Eppelsheim 2009

HEIZMANN, Elmar P. / GINSBURG, Léonard / BULOT, Christian: *Prosansanosmilus peregrinus,* ein neuer Machairodontider Felide aus dem Miocän Deutschlands und Frankreichs. Stuttgarter Beiträge zur Naturkunde, Serie B, Nr. 58, 27, Stuttgart 1980

KAUP, Johann Jakob: Vier urweltliche Raubthiere, welche im zoologischen Museum zu Darmstadt auf-

bewahrt werden. Archiv für Mineralogie, Geognosie,
Bergbau und Hüttenkunde 5, S. 150–158, Berlin 1832
KAUP, Johann Jakob: Description d'Ossemens fossiles
des Mammifères inconnus jusquà présent qui se trouvent
au Muséum grand ducal de Darmstadt, 2 volumes,
Darmstadt 1833
KAUP, Johann Jakob: Über *Machairodus cultridens*
KAUP. Jahrbuch für Mineralogie, Geognosie, Geologie
und Petrefaktenkunde, S. 270–272, Stuttgart 1859
KITTL, Ernst: Beiträge zur Kenntnis der fossilen Säuge-
tiere von Maragha in Persien. I. Carnivoren. Annalen des
k. k. Naturhistorischen Hofsmuseums, Band II,
S. 317–341, Wien 1887
MORLO, Michael: Die Raubtiere (Mammalia,
Carnivora) aus dem Turolium von Dorn-Dürkheim 1
(Rheinhessen). Teil 1: Mustelida, Hyaenidae,
Percrocutidae, Felidae. Courier Forschungs-Institut
Senckenberg 197, S. 11–47, Frankfurt am Main 1997
MORLO, Michael / PEIGNE, Stéphane / NAGEL, Doris:
A new species of *Prosansanosmilus*: implications for the
systematic relationships of the family Barbourofelidae
new rank (Carnivora, Mammalia). Zoological Journal of
the Linnean Society, 140, S. 43–61, London 2004
NEUBAUER, Christine: Säbelzahntiger und wie sie
lebten. Seminararbeit im Rahmen der Lehrveranstaltung,
Wien, 9. Februar 2007
PEIGNÉ, Stéphane / BONIS, Louis de / LIKIUS,
Andossa / MACKAYE, Hassane Taisso / VIGNAUD,
Patrick / BRUNET, Michel: A new machairodontine
(Carnivora, Felidae) from the late Miocene hominid
locality of TM 266, Toros-Menalla, Tschad. Comptes
Rendus de l'Académie des Sciencies, Paris, Vol. 4,
S. 243–253, Paris 2005
PIA, Julia / SICKENBERG, Otto: Katalog der in den

österreichischen Sammlungen befindlichen Säugetier-
reste des Jungtertiärs Österreichs und der Randgebiete,
Wien 1934
PILGRIM, Guy Ellcock: The correlation of the Siwaliks
with mammal horizons in Europe. Records of the
Geological Survey of India 40, S. 63–71, Calcutta 1913
PILGRIM, Guy Ellcock: Catalogue of the Pontian
Carnivora of Europe in the Department of Geology.
British Museum London, London 1931
PROBST, Ernst: Deutschland in der Urzeit, München
1986
PROBST, Ernst: Rekorde der Urzeit. Landschaften,
Pflanzen und Tiere, München 2008
PROBST, Ernst: Der Ur-Rhein. Rheinhessen vor zehn
Millionen Jahren, München 2009
PROBST, Ernst: Säbelzahnkatzen. Von Machairodus
bis zu Smilodon, München 2009
PROBST, Ernst: Der Rhein-Elefant. Das „Schreckens-
tier" von Eppelsheim, München 2010
ROTH, Johannes / WAGNER, Andreas: Die fossilen
Knochenüberreste von Pikermi in Griechenland.
Abhandlungen der mathematisch-physikalischen Classe
der Königlich Bayerischen Akademie der Wissen-
schaften, 7, S. 371–464, München 1854
SABOL, Martin / HOLEC, Peter / Wagner, Jan: Late
Pliocene Carnivores from Vceláre 2 (Southeastern
Slovakia). Paleontological Journal, Vol. 42, No. 5,
S. 531–543, Moskau 2008
SALESIA, Manuel J. / ANTÒN, Mauricio / TURNER,
Alan / MORALES, Jorge: Inferred behaviour and
ecology of the primitive saber-toothed cat
Paramachairodus ogygia (Felidae, Machairodontinae)
from the Late Miocene of Spain. Journal of Zoology,
266, S. 243–254, London 2006

SCHAEFER, Hans: Die pontische Säugetierfauna von Charmoille (Jura bernois). Eclogae Geologicae Helvetiae 54, S. 559–565, Basel 1961

SCHAUB, Samuel: Ueber die Osteologie von *Machaerodus cultridens* Cuvier. Eclogae Geologicae Helvetiae, 19 (1), S. 255–266, Basel 1925

SCHLOSSER, Max: Die fossilen Säugetiere Chinas. Abhandlungen der Königlich Bayerischen Akademie der Wissenschaften, II. Klasse, Band XXII, München 1903

SCHMIDT-KITTLER, Norbert: Raubtiere aus dem Jungtertiär Kleinasiens. Palaeontographica A, 155, S. 1–131, Stuttgart 1976

SPINAR, Zdenek V.: Leben in der Urzeit, Hanau 1984

STORCH, GERHARD: 157. Säbelzahnkatzen. Aus: SCHÄFER, Wilhelm: Lerne im Museum. 182 Themen zur Naturgeschichte aus dem Senckenberg-Museum, Kleine Senckenberg-Reihe Nr. 5 der Senckenbergischen Naturforschenden Gesellschaft, S. 350–351, Frankfurt am Main

TURNER, Alan / ANTÓN, Mauricio: The big cats and their fossil relatives, New York 1997

ZDANSKY, Otto: Jungtertiäre Carnivoren Chinas. Palaeontologica Sinica 2, S. 1–149, Peking 1924

Bildquellen

Mauricio Antón Ortúzar, Departamento de Paleobiologia,
Museo Nacional de Ciencias Naturales-CSIC, Madrid:
28 unten, 62 oben, 66 unten
Tim Bartel, Hürth: 26 oben
Bayerische Staatssammlung für Paläontologie und
Geologie, München: 68
Klaus Benz, Fotograf, Mainz-Laubenheim: 70
Rene Bleuanus, Bleudesign, Gorinchem: 10
Gemeinde Eppelsheim / Förderverein Dinotherium-
Museum e.V. Eppelsheim: 34 oben, (Zeichnungen von
Pavel Major) 44, 45 oben, 45 unten, 64 oben, 64 unten,
(Gemälde von Pavel Major) 38
Dr. Jens Lorenz Franzen, Titisee-Neustadt, ehrenamt-
licher Mitarbeiter des Forschungsinstituts Senckenberg
in Frankfurt am Main und des Naturhistorischen
Museums Basel: 32, 35 oben, 36
Dipl.-Ing. Ansgar Hemm-Herkner, Bad Wildungen: 34
unten
Hessisches Landesmuseum Darmstadt: 24, 26 unten, 52
unten, 54 oben, 54 unten
Landesamt für Denkmalpflege Hessen, Abteilung
Archäologie und Paläontologie, Schloss Biebrich,
Wiesbaden: 56
MCZ Harvard: 12 oben
Professor Dr. Jorge Morales, Departamento de
Paleobiologia, Museo Nacional de Ciencias Naturales-
CSIC, Madrid: 28 oben, 62 unten
Naturhistorisches Museum Mainz / Landessammlung
für Naturkunde Rheinland-Pfalz: 69
Pixelio – Kostenlose Bilderdatenbank für lizenzfreie
Bilder www.pixelio.de – Dieter Haugk: 44

Ernst Probst, Mainz-Kostheim: 35 unten, 37, 40, 42
Reproduktion aus: KITTL, Ernst: Beiträge zur Kenntnis
der fossilen Säugetiere von Maragha in Persien, Wien: 60
Reproduktion aus: Tiere der Urwelt (Creatures of the
Primitive World), Series 1 and 2. Illustrated by F. John,
Printed 1902 and 1906(?), Germany: 14 oben
Reproduktionen aus: ABEL, Othenio: Lebensbilder aus
der Tierwelt der Vorzeit. Zweite erweiterte Auflage,
Wien: 16, 20
Reproduktionen von Gemälden von Charles Robert
Knight (1874–1953) von 1905: 14 unten
Dr. Gerhard Storch, Forschungsinstitut Senckenberg,
Frankfurt am Main: 58
Shuhei Tamura, Kanagawa, Japan: 12 unten
The Royal Society of London: 52 oben
Professor Dr. Alan Turner, Research Centre in
Evolutionary Anthropology, School of Natural Sciences
and Psychology Liverpool John Moores University: 66
oben
Frank Wouters, Antwerpen, Belgien: 18

Coverbild:
Porträt: Ölgemälde von Joseph Hartmann (1866)
Zeichnung aus: Atlas Dinotherii gigantei (1836) von
August von Klipstein und Johann Jakob Kaup

Bücher von Ernst Probst

Rekorde der Urzeit. Landschaften,
Pflanzen und Tiere
Rekorde der Urmenschen. Erfindungen,
Kunst und Religion
Archaeopteryx. Der Urvogel aus Bayern
Dinosaurier in Deutschland. Von Compsognathus
bis zu Stenopelix
Dinosaurier in Baden-Württemberg. Von Efraasia
bis zu Sellosaurus
Dinosaurier in Niedersachsen. Von Elephantopoides
bis zu Stenopelix
Dinosaurier von A bis K. Von Abelisaurus
bis zu Kritosaurus
Dinosaurier von L bis Z. Von Labocania
bis zu Zupaysaurus
Der Ur-Rhein. Rheinhessen
vor zehn Millionen Jahren
Der Mosbacher Löwe. Die riesige
Raubkatze aus Wiesbaden
Der Rhein-Elefant. Das „Schreckenstier"
von Eppelsheim
Deutschland im Eiszeitalter
Höhlenlöwen. Raubkatzen im Eiszeitalter
Säbelzahnkatzen. Von Machairodus
bis zu Smilodon
Der Höhlenbär

Monstern auf der Spur. Wie die Sagen
über Drachen, Riesen und Einhörner entstanden
Affenmenschen. Von Bigfoot
bis zum Yeti
Seeungeheuer. Von Nessie
bis zum Zuiyo-maru-Monster

Bestellungen bei www.grin.com

BEI GRIN MACHT SICH IHR WISSEN BEZAHLT

- Wir veröffentlichen Ihre Hausarbeit,
  Bachelor- und Masterarbeit

- Ihr eigenes eBook und Buch -
  weltweit in allen wichtigen Shops

- Verdienen Sie an jedem Verkauf

Jetzt bei www.GRIN.com hochladen
und kostenlos publizieren